Mohammad Kalim Ahmad Khan
Salman Akhtar
Shalini Maurya

Conceção de uma vacina quimérica contra a melioidose através da proteómica subtractiva

AF514842

Mohammad Kalim Ahmad Khan
Salman Akhtar
Shalini Maurya

Conceção de uma vacina quimérica contra a melioidose através da proteómica subtractiva

ScienciaScripts

Imprint
Any brand names and product names mentioned in this book are subject to trademark, brand or patent protection and are trademarks or registered trademarks of their respective holders. The use of brand names, product names, common names, trade names, product descriptions etc. even without a particular marking in this work is in no way to be construed to mean that such names may be regarded as unrestricted in respect of trademark and brand protection legislation and could thus be used by anyone.

Cover image: www.ingimage.com

This book is a translation from the original published under ISBN 978-620-8-41725-3.

Publisher:
Sciencia Scripts
is a trademark of
Dodo Books Indian Ocean Ltd. and OmniScriptum S.R.L publishing group

120 High Road, East Finchley, London, N2 9ED, United Kingdom
Str. Armeneasca 28/1, office 1, Chisinau MD-2012, Republic of Moldova, Europe
Managing Directors: Ieva Konstantinova, Victoria Ursu
info@omniscriptum.com

Printed at: see last page
ISBN: 978-620-8-62546-7

Copyright © Mohammad Kalim Ahmad Khan, Salman Akhtar, Shalini Maurya
Copyright © 2025 Dodo Books Indian Ocean Ltd. and OmniScriptum S.R.L publishing group

Índice

LISTA DE SÍMBOLOS E ABREVIATURAS

COPD	Chronic Obstructive Pulmonary Disease
TLR	Toll like receptor
IFN	Interferon
IL	Interleukin
TID	Target Identification
CD-HIT	Cluster Database at High Identity with Tolerance
DEG	Database of Essential Genes
CEG	Cluster of Essential Genes
BLAST	Basic Local Alignment Search Tool
RefSeq	Reference Sequence
POCKDRUG	Pocket Druggability Prediction
SVM	Support vector machines
ACC	Auto cross covariance
QSAR	Quantitative structure-activity relationship
CTL	Cytotoxic T lymphocytes
TAP	Transporter associated with antigen processing
MHC	Major Histocompatibility complex
UNIPROT	Universal Protein knowledgebase
PDB	Protein data bank
RV	Reverse vaccinology
OMP	Outer Membrane Protein
HBHA	Heparin-Binding Hemagglutinin Adhesin
GRAVY	Grand Average of Hydropathy
RCSB-PDB	Research Collaboratory for Structural Bioinformatics Protein Data Bank
HLA	Human Leucocyte antigen
FIREDOCK	Fast Interaction REfinement in molecular DOCKing.
GROMACS	GROningen MAchine for Chemical Simulations
CAI	Codon Adaptation Index
RMSD	Root Mean Square Deviation

Knusel, R., Brandes, K., Lechleiter, S. e Posthaus, H.S. (2007). Dois casos independentes de Branchioblastomas de ocorrência espontânea em carpas Koi. Vet. Pathol. 44: 237-239.

Komiya, Y. (1966). Clonorchis e Chonorchiasis Adv. Parasit., 4, 53106.

Kotin, P., Falk, H. L. e Thomas, M. I. (1956). Produção de Tumores de Pele em Ratos com Produtos de Oxidação de Hidrocarbonetos Alifáticos. Cancro, 9: 905-9.

Kraybill, H.F., Dawe, C.J., Harshbarger, J.C. e Tardiff, R.G. (1977). (Eds.) Aquatic Pollutants and Biological Effects with Emphasis on Neoplasia. Annuals of the New York Academy of Sciences, 298, 604 pp.

Landahl, J.T., McCain, B.B., Myers, M.S., Rhodes, L.D. e Brown, D.W. (1990). Associações consistentes entre lesões hepáticas no linguado inglês (*Parophrys vetulus*) e hidrocarbonetos aromáticos policíclicos em sedimentos de fundo. Environmental Health Perspectives, 89: 195-203.

Leadley, T.A., Balch, G., Metcalfe, C.D., Lazar, R., Mazak, E., Habowsky, J. e Haffner, G.D. (1998). Acumulação de substâncias químicas e stress toxicológico em três populações de cabeça de touro castanho (Ameiurus nebulosus) do rio Detroit, Michigan, EUA. Environ. Toxicol. Chem. 17(9): 1756-1766.

Lee, A. e Langer, R. (1983). A cartilagem de tubarão contém inibidores da angiogénese tumoral. Science, 221: 1185-1187.

Lesko, L. T., Smith, S. B. e Blouin, M.A. (1996). O efeito de sedimentos contaminados na fecundidade do bullhead castanho em três afluentes do Lago Erie. J. Great lakes Res., 22: 830 - 837.

Linton, E. (1910). Helminth fauna of the Dry Tortugas. II. Trematódeos. Pap. Tort. Lab. Carneg. Instit. Wash., 4: 11-98.

Linton, E. (1914). Sobre a distribuição sazonal dos parasitas de peixes. Trans. Am. Fish Soc., 44: 48 - 56.

Ljungberg, O. (1976). Estudos epizootiológicos e experimentais de tumores cutâneos no lúcio do Norte (*Esox lucius* L.) no Mar Báltico. In: Progress in Experimental Tumor Research, vol. 20, Homburger, F, (ed), Dawe, C.J., Scarpelli, D.G., Wellings, S.R., (eds), Karger: Basileia, pp. 156-165.

RESUMO

A Burkholderia pseudomallei multirresistente é um problema de saúde global significativo associado a elevadas taxas de morbilidade e mortalidade. Para abordar esta questão, foi concebida uma vacina quimérica de múltiplos epítopos contra a *B. pseudomallei* utilizando proteómica subtractiva e vacinologia inversa. Foi aplicada uma estratégia de proteómica subtractiva aos 21 proteomas não redundantes do agente patogénico. A partir destes, foram identificadas proteínas que não eram homólogas às dos humanos, essenciais para a sobrevivência e virulentas. A análise BLASTp contra a base de dados PDB e as avaliações de drogabilidade revelaram nove proteínas com estruturas tridimensionais disponíveis, das quais quatro foram consideradas potenciais candidatas a vacinas com base na localização subcelular e nas previsões de antigenicidade.

Utilizando ferramentas em linha, os epítopos MHC de classe I, II e de células B foram previstos e analisados em termos de toxicidade, solubilidade, alergenicidade e hidrofilicidade. Foram selecionados epítopos imunogénicos para construir uma vacina quimérica de múltiplos epítopos que incorpora adjuvantes, ligantes e sequências PADRE. As simulações de acoplamento e dinâmica moleculares demonstraram fortes interações entre a construção da vacina e os alelos HLA e TLR4, indicando o seu potencial para provocar uma resposta imunitária robusta. A disponibilidade do proteoma *de B. pseudomallei* facilitou este estudo, demonstrando a eficácia de ferramentas in silico para identificar alvos de vacinas e conceber vacinas quiméricas utilizando metodologias de vacinologia inversa e imunoinformática.

Capítulo 1: Revisão da literatura

1.1 INTRODUÇÃO

A melioidose é uma infeção bacteriana tropical causada pela Burkholderia pseudomallei, uma bactéria encontrada no ambiente (Wiersinga et al., 2012). A doença pode manifestar-se de diferentes formas, desde uma septicemia aguda, que pode ser rapidamente fatal, até uma condição crónica semelhante a outras infecções comuns como a tuberculose (Dance, 2002). A melioidose encontra-se principalmente no Sudeste Asiático e no Norte da Austrália, com um aumento de casos durante as estações das monções (Cheng & Currie, 2005). As pessoas contraem a infeção através da inalação, inoculação ou consumo da bactéria (Currie et al., 2010).

Whitmore (1913) identificou o organismo pela primeira vez em 1911. Pode infetar os seres humanos e muitas espécies animais. Encontra-se habitualmente na rizosfera, que é a camada de solo que rodeia as raízes das plantas e que contém microrganismos (Kaestli et al., 2011). Também está presente nas águas subterrâneas de superfície na maioria das regiões subtropicais e tropicais (Limmathurotsakul et al., 2016; Wieringa et al., 2012).

1.2 REVISÃO DA LITERATURA

1.2.1 BURKHOLDERIA PSEUDOMALLEI E MELIOIDOSE

1.2.1.1 MICROBIOLOGIA E TAXONOMIA

Proteobactérias: Este grande grupo de bactérias gram-negativas contém muitos géneros causadores de doenças, como Escherichia, Salmonella, Vibrio, Helicobacter, entre outros.

Bactérias: As bactérias são microorganismos unicelulares, o nível mais elevado de classificação. Podem viver de forma independente, em cooperação com outros organismos ou parasitariamente, causando doenças. Burkholderiaceae: Esta família de Proteobactérias inclui os géneros Burkholderia e Ralstonia. Burkholderiales: Entre as bactérias nocivas desta ordem de Proteobactérias encontram-se espécies de Bordetella e Burkholderia.

Burkholderia: Este género de Proteobactérias inclui certas espécies patogénicas, tais como B. cepacia, B. pseudomallei e B. mallei.

Burkholderia pseudomallei: Esta bactéria específica causa a melioidose em humanos e animais. Pode ser encontrada na água e no solo contaminados.

1.2.1.2 DISTRIBUIÇÃO MUNDIAL

Estima-se que o fardo mundial da melioidose seja superior a 4,6 milhões de anos de vida ajustados por incapacidade (DALY). Este encargo é superior ao de outras doenças tropicais, como as infecções por vermes intestinais, a leptospirose, a esquistossomose e a dengue (Birnie et al., 2019). A nível mundial, pensa-se que há 89 000 mortes por melioidose e 165 000 casos da doença por ano. As taxas de mortalidade efectivas variam entre 9% e 70% em diferentes regiões (Gassiep et al., 2020). A melioidose é muito subnotificada em pelo menos 45 países onde é endémica, incluindo o Bangladesh e o Sri Lanka. Cerca de 99% do peso do DALY deveu-se a mortes causadas pela doença. Estima-se que, em 2015, tenham ocorrido 165 000 casos e 89 000 mortes por melioidose a nível mundial. Estas estimativas excluem dados críticos de 45 países onde se sabe que a melioidose é endémica, mas gravemente subnotificada (Limmathurotsakul et al., 2016). O aquecimento global, juntamente com as mudanças nas condições do solo, o clima quente e húmido e a urbanização descontrolada, podem levar a um aumento do problema e da propagação da melioidose (Chai & Fisher, 2018). A B. pseudomallei e a B. mallei, que foram utilizadas para o bioterrorismo durante a Primeira Guerra Mundial, são classificadas como agentes prioritários de categoria B, a segunda prioridade mais elevada, pelos Centros de Controlo e Prevenção de Doenças (CDC) nos Estados Unidos. Em países tropicais como a Índia, a melioidose é muito mais comum do que se pensava. A principal tática, como em qualquer doença infecciosa, continua a ser a prevenção da infeção.

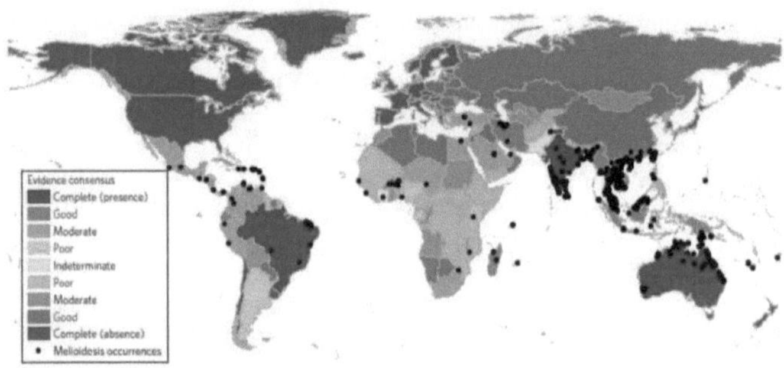

Figura 1.1. Consenso global de provas e localizações geográficas dos dados de ocorrência de 1910 a 2014 ((Limmathurotsakul et al., 2016)

1.2.1.3 DISTRIBUIÇÃO NA ÍNDIA

Este estudo mostra o aumento da melioidose como um problema de saúde muito importante na Índia. Devido a um viés de encaminhamento, dois terços dos pacientes da nossa investigação eram do leste e do nordeste da Índia. . A doença afectava frequentemente homens trabalhadores de meia-idade, o que indica uma potencial exposição profissional. Em certas regiões, a associação entre a melioidose aguda e a estação das chuvas é consistente com estudos anteriores que demonstram uma ligação entre a precipitação e a incidência da doença (Vidyalakshmi et al., 2012). A elevada proporção de doentes com diabetes (82,3%) em comparação com outros estudos (39%-60%) pode refletir a crescente epidemia de diabetes na Índia (Suputtamongkol et al., 1999).

A elevada incidência de melioidose crónica de longa duração neste estudo difere de outras investigações e pode dever-se, em parte, ao encaminhamento de doentes não diagnosticados de zonas relativamente áridas. Os doentes com doença aguda viviam frequentemente perto do nosso hospital (Vidyalakshmi et al., 2012) (Chetchotisakd et al., 2014). Os surtos agudos em doentes com doenças crónicas estão associados a consequências desfavoráveis. Tendo em conta os seus factores de risco e respostas imunológicas semelhantes, a co-infeção entre a tuberculose e a melioidose não é surpreendente (Koh et al., 2013).

A maioria dos doentes respondeu bem à terapêutica intensa seguida de terapêutica erradicativa. A mortalidade por melioidose foi de 14,9%, tendo diminuído ao longo do estudo. Um estudo anterior aqui encontrou 17% de mortalidade 7, inferior à taxa da Tailândia (≈40%) (Limmathurotsakul & Peacock, 2011). Os maus resultados foram previstos por bacteremia, envolvimento pulmonar, albumina baixa e pontuações SOFA elevadas. Cerca de 6 por cento dos isolados de B. pseudomallei eram resistentes ao trimetoprim/sulfametoxazol. Dado que os testes de suscetibilidade foram alterados durante o ensaio, isto pode representar uma pequena sobrestimação. Neste caso, a suscetibilidade deve ser o fator de orientação para a erradicação, não obstante a conclusão de um ensaio de que a terapia combinada utilizando trimetoprim e sulfametoxazol não era inferior (Chetchotisakd et al., 2014).

Os responsáveis pela saúde pública, bem como os médicos indianos, devem levar a sério a melioidose . O envolvimento de órgãos pode ser útil em situações com recursos limitados, uma vez que pode indicar doença aguda ou crónica. O tratamento precoce e um elevado grau de suspeição são cruciais, dada a significativa taxa de mortalidade.

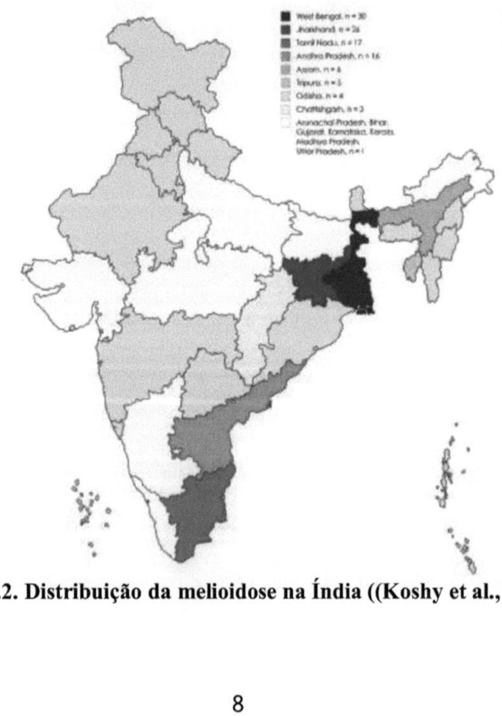

Figura 1.2. Distribuição da melioidose na Índia ((Koshy et al., 2019)

1.2.1.4 MANIFESTAÇÕES CLÍNICAS

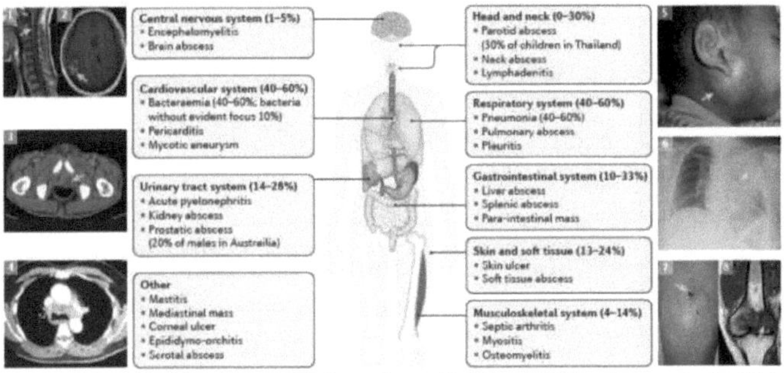

Figura 1.3: Manifestações clínicas da melioidose (Wiersinga et al., 2018)

A apresentação clínica da melioidose é variada, pelo que é útil para os médicos classificá-la em quatro tipos (Kerr, 2005), (Kanai & Dejsirilert, 1988). A forma septicémica aguda tem um período de incubação curto de alguns dias. Apresenta-se como uma sépsis súbita, adquirida na comunidade, semelhante a outras doenças como o tifo, a febre tifoide, a malária, a leptospirose, a fasceíte necrosante, a bacteriemia gramnegativa, a bacteriemia estafilocócica, a doença pneumocócica invasiva, a meningococcemia, a peste e a infeção por Vibrio vulnificus. As pistas incluem o início sazonal durante a estação das chuvas e a exposição à água ou ao solo (semelhante à leptospirose) e a rápida progressão para a morte em surtos (como a sépsis meningocócica e a peste). Podem ser descobertos abcessos maiores se o doente sobreviver, ou abcessos microscópicos após a morte, na pele, tecidos moles, gânglios linfáticos, ossos, pulmões, fígado, baço, rins e cérebro devido à propagação da bactéria pela corrente sanguínea.

Pode predominar a iterícia, a pneumonia, a gastroenterite ou a meningite. A mortalidade costumava atingir os 90%, mas atualmente pode ser reduzida para cerca de 12-40% com antibióticos precoces e cuidados intensivos. (Cheng & Currie, 2005),2 A forma subaguda tem um período de incubação mais longo e variável, de semanas a meses. Provoca uma sépsis mais ligeira e abcessos múltiplos nos pulmões, fígado, baço, músculo psoas, ossos, cérebro, olhos e tecidos moles. Sem tratamento, os abcessos podem tornar-se crónicos. A forma crónica pode ocorrer por si só ou seguir-se à forma subaguda, quer diretamente quer através de recorrência após tratamento. Progride lentamente ao longo de meses a anos, imitando a tuberculose, as infecções fúngicas ou o cancro. A forma latente ou assintomática é encontrada incidentalmente em pessoas com exposição passada, mesmo anos mais tarde. Pode reativar-se com imunossupressão, como traumatismos, queimaduras, esteróides, cancro, diabetes ou outras infecções. Além disso, certas regiões apresentam uma prevalência elevada de sintomas, como a parotidite na Tailândia, a encefalomielite na Austrália e os abcessos geniturinários e da próstata (Cheng & Currie, 2005).

1.2.1.5 DIAGNÓSTICO

A melioidose continua a ser gravemente subdiagnosticada a nível mundial. Isto deve-se principalmente à falta de laboratórios de microbiologia de diagnóstico que sirvam comunidades rurais de baixos rendimentos, que correm o maior risco de contrair a doença. Deve-se também ao facto de os profissionais médicos e o pessoal dos laboratórios não estarem bem informados sobre a melioidose. A B. pseudomallei pode ser inicialmente descartada como um contaminante ou uma bactéria ambiental não patogénica, mesmo em laboratórios de microbiologia bem equipados, especialmente em áreas onde a doença não é comum (Doker et al., 2014).

1.2.1.5.1 DIAGNÓSTICO CLÍNICO

De acordo com Currie et al. (2000), o período de incubação das infecções agudas por melioidose varia entre 1 e 21 dias, com uma média de 9 dias. Por outro lado, uma forma mais grave da doença, com um período de incubação mais curto, pode resultar da respiração ou aspiração de água doce contaminada (Chierakul et al., 2005). A apresentação clínica, a gravidade e o prognóstico dos doentes com melioidose são influenciados por vários factores, como a existência ou ausência de factores de risco, a via de infeção, a carga bacteriana e a estirpe, e a presença ou ausência de genes de virulência específicos da B. pseudomallei (Currie, 2015; Sarovich et al., 2014). A doença pode variar desde a sépsis e a morte até sintomas cutâneos localizados no local de penetração bacteriana sem repercussões sistémicas. 20% dos doentes com melioidose apresentam choque sético na admissão e 40-60% dos doentes têm bacteriémia. Em mais de 50% dos doentes, a pneumonia é a primeira doença. Os órgãos internos são frequentemente afectados pela bactéria, sendo o baço, a próstata, o fígado e os rins particularmente vulneráveis.

LIMITAÇÕES DO DIAGNÓSTICO CLÍNICO

Os doentes com caraterísticas clinicamente sugestivas (p. ex., diabetes, exposição a determinadas substâncias no trabalho ou durante determinadas estações do ano) devem ser tratados empiricamente com antibióticos que têm como alvo a B. pseudomallei em áreas endémicas conhecidas, apesar de o diagnóstico da melioidose apenas com base nas caraterísticas clínicas ser extremamente difícil. A melioidose deve ser considerada para qualquer febre em áreas endémicas e possivelmente endémicas (Limmathurotsakul et al., 2016), particularmente se o doente tiver pneumonia ou um abcesso (especialmente no fígado, baço, próstata ou parótida). Para além disso, a melioidose pode manifestar-se através de sintomas clínicos vagos. No entanto, como nem todos os doentes têm factores de risco, são necessários testes laboratoriais para confirmar o diagnóstico de melioidose (Hoffmaster et al., 2015).

1.2.1.5.2 DIAGNÓSTICO MICROBIOLÓGICO

Cultura

A cultura continua a ser a pedra angular para o diagnóstico da melioidose. A B. pseudomallei pode crescer nos meios laboratoriais mais comuns, mas pode ser negligenciada e descartada como contaminante. Também pode ser confundida com outras bactérias, como espécies de Pseudomonas e Bacillus, se os membros da equipa do laboratório não estiverem familiarizados com o seu aspeto (Hoffmaster et al., 2015).

A B. pseudomallei deve ser diagnosticada com melioidose, uma vez que nunca está presente em a flora humana normal e o seu isolamento a partir de qualquer amostra clínica apoia esta teoria. Uma vez que a B. pseudomallei está classificada como um agente patogénico de categoria de perigo 3 e um agente selecionado de nível 1 (Programa Federal de Agentes Selecionados, n.d.), os médicos devem notificar o laboratório do hospital de qualquer suspeita de melioidose num doente que tenha sido hospitalizado. Ao fazê-lo, podem ser tomadas as devidas precauções de segurança. Todos os funcionários que trabalham em laboratórios de microbiologia em áreas onde a melioidose é endémica devem receber formação regular e suficiente e aderir às leis de segurança locais.

Deteção direta em amostras clínicas

O tratamento não deve ser adiado enquanto se aguardam os resultados da cultura, uma vez que a melioidose pode ter efeitos graves ou mesmo mortais. Por conseguinte, a Burkholderia pseudomallei pode ser diretamente detectada em amostras clínicas para confirmar rapidamente o diagnóstico. A B. pseudomallei parece um bastonete Gram-negativo em forma de alfinete de segurança ao microscópio de luz devido à sua coloração bipolar; no entanto, a sensibilidade e a especificidade da microscopia são baixas (Sheridan et al., 2007). Em comparação com a cultura, a microscopia imunofluorescente tem menos de 50% de sensibilidade, mas quase 100% de especificidade (Tandhavanant et al., 2013). Foram também experimentadas outras abordagens, como a deteção de antigénios ou a amplificação de ácidos nucleicos. Um imunoensaio de fluxo lateral para a deteção de polissacáridos capsulares extracelulares foi desenvolvido por Houghton et al. (2014), embora não tenha sido testado extensivamente. Particularmente quando se trata de sangue, parece ter uma sensibilidade fraca, mas tem uma especificidade respeitável (Robertson et al., 2015). Muitos testes PCR específicos para B. pseudomallei foram desenvolvidos e testados em estudos clínicos de curta duração desde a década de 1990. O mais promissor centra-se no cluster do gene T3SS; no entanto, a sensibilidade do sangue requer um número substancial de bactérias (Kaestli et al., 2012; Richardson et al., 2012). Estes ensaios de PCR não são habitualmente utilizados para o diagnóstico em áreas endémicas, nem mesmo em países com rendimentos elevados. Para além dos problemas de sensibilidade, os testes não fornecem a confirmação atempada necessária para tomar decisões de tratamento económicas.

1.2.1.6 TERAPIA ANTIMICROBIANA

Há uma fase intensiva no início da terapia antimicrobiana e uma fase de erradicação no final.

Terapia intensiva

Devem decorrer pelo menos 10 a 14 dias durante o primeiro ciclo de terapia rigorosa. Deve ser incluída a ceftazidima (2 g por via intravenosa de 6 em 6 horas nas enfermarias; ou 50 mg/kg até 2 g em crianças com menos de 15 anos) ou o meropenem (1 g por via intravenosa de 8 em 8 horas nas unidades de cuidados intensivos; ou 25 mg/kg até 1 g em crianças). O meropenem é o tratamento intravenoso de primeira escolha para a melioidose que afecta o sistema nervoso central. Em situações como esta de melioidose neurológica, a dose de meropenem deve ser aumentada.

Considerar iniciar o trimetoprim-sulfametoxazol no início de uma terapia vigorosa em casos de melioidose neurológica, osteomielite, artrite séptica, infecções da pele e dos tecidos moles e infecções geniturinárias, incluindo abcessos prostáticos. O trimetoprim-sulfametoxazol tem uma elevada penetração nos tecidos.

Recomenda-se uma terapêutica intravenosa prolongada (quatro a oito semanas ou mais) em casos de melioidose neurológica, artrite séptica, infecções profundas (incluindo abcessos prostáticos) e pneumonia aguda.

Terapia de erradicação

A terapia de erradicação da infeção deve ser continuada durante um mínimo de três meses após a conclusão do primeiro tratamento intensivo. É constituída por 320 + 1600 mg administrados por via oral de 12 em 12 horas a pessoas com peso superior a 60 kg. Inclui trimetoprimsulfametoxazol em doses de 6 + 30 mg por quilograma até 240 + 1200 mg para adultos com 40-60 kg e 240 + 1200 mg para crianças. Além disso, implica a toma diária de 5 miligramas de ácido fólico por via oral (ou 0,1 mg por quilograma até 5 mg nos bebés).

Recomenda-se uma terapia adicional durante três meses ou mais para eliminar completamente a doença.

1.2.1.7 FACTORES DE RISCO

As pessoas podem ser mais susceptíveis à melioidose devido a factores de risco específicos e a perturbações médicas subjacentes. A diabetes é um fator de risco importante; estima-se que as pessoas com diabetes sejam responsáveis por cerca de 50% dos casos de melioidose. A melioidose foi três vezes mais comum em pessoas com diabetes mellitus do que naquelas sem a doença. O risco de melioidose é mais elevado nas pessoas com insuficiência renal. As pessoas que sofrem de doenças pulmonares de longa duração, como a doença pulmonar obstrutiva crónica (DPOC), são mais vulneráveis. A melioidose é mais comum em pessoas com infeção por VIH, cancro e medicamentos imunossupressores.

Observou-se que a melioidose apresenta padrões sazonais em certas regiões endémicas. No norte da Austrália, os casos tendem a atingir o pico durante a estação chuvosa, caracterizada por fortes chuvas e maior exposição ao solo e à água (Radzi et al., 2019) (Cheng & Currie, 2005). É importante notar que a epidemiologia da melioidose é dinâmica, e a distribuição e a incidência podem mudar ao longo do tempo. Os sistemas de vigilância e a melhoria das capacidades de diagnóstico são essenciais para uma monitorização e notificação precisas dos casos.

1.2.1.8 RESPOSTA IMUNITÁRIA NA MELIOIDOSE

1.2.1.8.1 RESPOSTA IMUNITÁRIA INATA

A resposta imune inata precoce tem um papel vital na identificação da Burkholderia pseudomallei, o agente patogénico causador da melioidose, e na instigação de uma reação inflamatória quando esta entra no organismo. A resposta imune inata do hospedeiro à B. pseudomallei, o agente causador da melioidose, envolve respostas pró e anti-inflamatórias que são desreguladas, permitindo que a bactéria evite a eliminação. Verificou-se que os genes envolvidos na resposta imunitária, na resposta ao stress, na regulação do ciclo celular, na degradação proteossómica, no metabolismo celular e nas vias de transdução de sinal estavam diferencialmente regulados em ratinhos com melioidose aguda (Chin et al., 2010).

Embora o TLR2 e as respostas inflamatórias tenham sido regulados inicialmente, as vias de morte celular também foram activadas, e o sistema do complemento só foi ativado após 24 horas, permitindo a propagação bacteriana descontrolada. Foi demonstrado que B. pseudomallei inibe as vias NF-κB e IFN através do fator de virulência TssM, suprimindo a resposta inflamatória do hospedeiro (Tan et al., 2010). A resposta inata precoce é caracterizada pela produção de citocinas pró-inflamatórias como a IL-18, uma vez que Wiersinga 2007 descobriu que os ratinhos deficientes em IL-18 eram mais susceptíveis à melioidose aguda. A análise de todo o genoma das respostas do hospedeiro durante a infeção precoce em Chin 2010 revelou a ativação de vias inflamatórias e de mecanismos de morte celular nas 24 horas seguintes à infeção, embora estas respostas tenham sido suprimidas às 42 horas, permitindo um crescimento bacteriano descontrolado. No entanto, o sistema de complemento não foi ativado antes das 24 horas, o que sugere um atraso que pode contribuir para a gravidade da doença.

Verificou-se que a IL-18, que estimula o IFN-γ, estava elevada em doentes com melioidose e melhorou a sobrevivência em ratinhos, indicando a sua importância na defesa do hospedeiro (Wiersinga et al., 2006). No entanto, foi demonstrado que a sinalização mediada por IFN, embora dominante nas respostas do hospedeiro à melioidose e à TB, não distinguiu entre essas doenças (Koh et al., 2013). Poucos investigadores encontraram uma desregulação do TNF-α e do IFN-γ em ratinhos cronicamente infectados com várias estirpes de B. pseudomallei, sugerindo que estes poderiam servir de biomarcadores. (Amemiya et al., 2020, Krishnananthasivam et al., 2017) mostraram uma regulação negativa dos genes da resposta imunitária e dos reguladores epigenéticos em doentes com melioidose em comparação com doentes com sépsis, o que também pode indicar doença e distingui-la de outras infeções.

(Aschenbroich et al., 2016) resumiu que B. pseudomallei e o B. mallei relacionado modulam o sistema imunitário inato para evitar a morte intracelular, mas os mecanismos específicos permanecem pouco claros. Uma melhor compreensão de como esses patógenos desregulam as respostas imunes do hospedeiro poderia identificar novas vacinas e alvos terapêuticos.

A Burkholderia pseudomallei provoca uma forte resposta imunitária inata nos seres humanos que ajuda a determinar o resultado da infeção. Vários estudos concluíram que os doentes com melioidose e os indivíduos com exposição subclínica a B. pseudomallei geram uma resposta imune robusta de anticorpos (Rongkard et al., 2020, Vasu et al., 2003) e mediada por células (Ketheesan et al., 2002, Barnes et al., 2004) contra o agente patogénico. Especificamente, os doentes com melioidose produzem anticorpos IgG, IgA e IgM contra antigénios de B. pseudomallei ao longo da infeção, sendo IgG1 e IgG2 as subclasses de IgG predominantes (Vasu et al., 2003). Embora todos os doentes gerem estes anticorpos, os níveis de IgG e IgG1/IgG2 estão bem correlacionados com os resultados clínicos, o que sugere que podem ser úteis para monitorizar o estado da infeção e o tratamento (Vasu et al., 2003). Os indivíduos com melioidose subclínica também apresentam fortes respostas mediadas por células, incluindo a proliferação de linfócitos e a produção de interferão-gama, que podem proteger contra a progressão da doença (Barnes et al., 2004, Wiersinga et al., 2007)

Citocinas como a interleucina-18 (IL-18) e o fator de necrose tumoral-alfa (TNF-α) são componentes cruciais da resposta inata inicial a B. pseudomallei. Os níveis de IL-18 estão elevados nos doentes com melioidose e promovem a produção de interferão-gama, que é essencial para controlar a infeção (Wiersinga et al., 2007). Os ratinhos que não possuem IL-18 apresentam uma mortalidade acelerada e um aumento da carga bacteriana após a infeção por B. pseudomallei, o que indica que a IL-18 é protetora (Wiersinga et al., 2007). O TNF-α também é regulado positivamente na melioidose, e a desregulação do TNF-α e do interferon-gama é uma resposta comum do hospedeiro em diferentes cepas de B. pseudomallei (Amemiya et al., 2020).

A resposta inata à melioidose difere entre indivíduos diabéticos e não diabéticos. Os pacientes diabéticos dependem mais de anticorpos e células T duplamente negativas para sobreviver, enquanto os pacientes não diabéticos dependem mais de células NK, células T CD8 + e granzima B (Kronsteiner et al., 2019). IL-15, IL-18 e CX3CR1 também estão ligados ao resultado na melioidose, com o excesso de IL-15 e IL-18BP reduzindo a sobrevivência e a expressão de CX3CR1 nos linfócitos melhorando a sobrevivência (Kronsteiner et al., 2019).

Em resumo, a resposta imune inata do hospedeiro à melioidose envolve uma mistura de respostas inflamatórias e anti-inflamatórias que são reguladas de forma inadequada, permitindo que a bactéria se desenvolva intracelularmente. Certas citocinas como o IFN-γ e o TNF-α, bem como outros reguladores imunitários, estão desregulados em vários estudos, o que sugere que podem servir como biomarcadores ou alvos terapêuticos. No entanto, os mecanismos específicos pelos quais a B. pseudomallei modula a resposta imunitária do hospedeiro ainda não foram totalmente elucidados.

1.2.1.8.2 RESPOSTA IMUNITÁRIA ADAPTATIVA

A resposta imune adaptativa à melioidose, causada pela bactéria Burkholderia pseudomallei, envolve tanto a imunidade humoral como a mediada por células. Vários estudos descobriram que os doentes com melioidose e os indivíduos expostos à B. pseudomallei desenvolvem anticorpos contra a bactéria, incluindo IgG, IgA e IgM (Vasu et al., 2003, Rongkard et al., 2020). IgG1 e IgG2 foram as subclasses de IgG predominantes (Vasu et al., 2003). Embora os níveis de anticorpos fossem elevados em doentes com melioidose, nem sempre se correlacionavam com a gravidade ou o resultado da doença (Vasu et al., 2003).

A imunidade mediada por células também desempenha um papel importante na resposta imune adaptativa a B. pseudomallei. As células T, especialmente as células T CD4+ e CD8+, proliferam em resposta a antigénios de B. pseudomallei em doentes com melioidose e indivíduos expostos (Barnes et al., 2004, Ketheesan et al., 2002, Rongkard et al., 2020). Este A proliferação de células T foi acompanhada pela produção de interferon-gama (IFN-γ), uma citocina chave na resposta imune a patógenos intracelulares (Barnes et al., 2004, Ketheesan et al., 2002). Os ratos deficientes em IFN-γ eram mais susceptíveis à infeção por B. pseudomallei, demonstrando a sua importância no controlo da infeção (Healey 2005).

A IL-18, uma citocina que estimula a produção de IFN-γ, também demonstrou ser importante na resposta imunitária a B. pseudomallei. Os níveis de IL-18 no plasma e os níveis de ARNm de IL-18 nos monócitos estavam elevados em doentes com melioidose (Wiersinga et al., 2007). Os ratinhos deficientes em IL-18 eram mais susceptíveis à infeção letal por B. pseudomallei, com cargas bacterianas mais elevadas e lesões mais graves nos órgãos (Wiersinga et al., 2007). Isto indica que a IL-18 ajuda a melhorar a resposta antimicrobiana precoce do hospedeiro na melioidose.

A resposta imunitária do hospedeiro à infeção bacteriana melioidose, causada por Burkholderia pseudomallei, envolve tanto a imunidade inata como a imunidade adaptativa. (Ketheesan et al., 2002) verificaram que os doentes que sobreviveram à melioidose desenvolveram imunidade mediada por células contra a B. pseudomallei, indicando que uma resposta adaptativa das células T é importante para a proteção. Para corroborar este facto, (Barnes et al., 2004) verificaram que os indivíduos com melioidose subclínica que não desenvolveram a doença tinham respostas mais fortes das células T a B. pseudomallei em comparação com os indivíduos com melioidose clínica.

Tanto as respostas de interferão de tipo 1 como de tipo 2 são desencadeadas na melioidose, de acordo com (Koh et al., 2013), que descobriram que a sinalização mediada por interferão dominava as respostas do hospedeiro tanto à melioidose como à tuberculose. Eles também descobriram que uma assinatura de 86 genes considerada específica para a tuberculose também estava presente em pacientes com melioidose, indicando alguma semelhança nas respostas do hospedeiro. No entanto, encontraram algumas diferenças na expressão genética entre os doentes com melioidose e os doentes com sépsis de outras causas. Certos genes da resposta imunitária, como o IL8 e os reguladores epigenéticos, foram desregulados em doentes com melioidose em comparação com outros doentes com sépsis, sugerindo que poderiam servir como biomarcadores de diagnóstico (Krishnananthasivam et al., 2017).

Em resumo, a resposta imunitária adaptativa do hospedeiro à melioidose envolve a ativação de células T e a produção de interferões, embora a resposta inata precoce seja também crucial para o controlo da infeção. Um atraso na ativação do complemento e a supressão de algumas respostas inflamatórias podem contribuir para a gravidade da doença. As diferenças nos perfis de expressão genética podem ajudar a distinguir a melioidose de outras causas de sépsis. É necessária uma combinação de respostas imunitárias inatas e adaptativas, bem como um diagnóstico e tratamento rápidos, para uma defesa eficaz do hospedeiro contra esta doença potencialmente mortal.

Assim, tanto a imunidade humoral como a mediada por células são necessárias para controlar a infeção por B. pseudomallei. Os anticorpos, as células T CD4+ e CD8+, o IFN-γ e a IL-18 contribuem todos para a resposta imunitária adaptativa na melioidose. Uma deficiência ou desregulação em qualquer um destes componentes imunitários pode conduzir a uma doença grave e potencialmente fatal. A investigação contínua sobre a resposta imunitária à B. pseudomallei pode identificar novas estratégias de prevenção e tratamento para esta doença tropical negligenciada.

1.2.1.8.3 MECANISMO DE EVASÃO IMUNITÁRIA

A melioidose, causada pela bactéria Burkholderia pseudomallei, é uma doença potencialmente fatal endémica do Sudeste Asiático e do Norte da Austrália. A B. pseudomallei é capaz de escapar ao sistema imunitário do hospedeiro através de vários mecanismos, o que lhe permite persistir intracelularmente e infetar cronicamente o seu hospedeiro.

Vários estudos encontraram níveis elevados de citocinas e outros marcadores imunitários em doentes com melioidose, indicando a ativação do sistema imunitário. No entanto, esta ativação imunitária é ineficaz para eliminar a infeção (Barnes & Ketheesan, 2007, Ketheesan et al., 2002) descobriram que os doentes com melioidose demonstram respostas imunitárias mediadas por células e proliferação de linfócitos contra antigénios de B. pseudomallei. No entanto, (Barnes et al., 2004) descobriram que os indivíduos com melioidose subclínica tinham, de facto, respostas mediadas por células mais fortes, sugerindo que o sistema imunitário pode desempenhar um papel na determinação do resultado da doença. Iliukhin (1980) verificou que os animais de laboratório desenvolviam imunidade contra a reinfeção com B. pseudomallei, mas os hamsters dourados não apresentavam essa resposta, o que indica que a sensibilidade à infeção depende dos níveis individuais de imunidade.

A B. pseudomallei é hábil na modulação da resposta imunitária do hospedeiro em seu benefício. (Wiersinga et al., 2007) descobriram que a interleucina-18 (IL-18), uma citocina importante para induzir a produção de interferão-gama (IFN-γ), estava elevada em doentes com melioidose. No entanto, os ratinhos knockout para IL-18 eram mais susceptíveis à infeção por B. pseudomallei, o que sugere que a IL-18 desempenha um papel protetor e que o B. pseudomallei pode suprimir os seus efeitos. Brown (1991) verificou que o IFN-γ e os receptores solúveis de IL-2 estavam elevados em doentes com melioidose, indicando a ativação de células imunitárias, mas o CD8 solúvel, um marcador da ativação de células T citotóxicas, não se alterou, sugerindo que o B. pseudomallei pode ativar seletivamente determinadas vias imunitárias.

Aschenbroich (2016) propõe que a B. pseudomallei explora as vias de sinalização imunitária do hospedeiro para se desenvolver intracelularmente, evitar a morte e estabelecer uma infeção crónica. Uma melhor compreensão da forma como estes agentes patogénicos manipulam o sistema imunitário do hospedeiro pode revelar novos alvos de vacinas para contrariar estes efeitos e prevenir a melioidose.

Embora o sistema imunitário do hospedeiro responda à infeção por B. pseudomallei, o agente patogénico é hábil a modular seletivamente a resposta imunitária em seu benefício, permitindo-lhe persistir no hospedeiro e causar doença crónica ou fatal. Uma vacina capaz de neutralizar os mecanismos de evasão imunitária da B. pseudomallei pode ser a chave para a prevenção da melioidose.

A B. pseudomallei expressa muitas proteínas na superfície dos eritrócitos infectados que ajudam o agente patogénico a evitar a deteção. Por exemplo, verificou-se que a proteína RIFIN de B. pseudomallei se liga a receptores inibitórios em células imunitárias, suprimindo a sua ativação. Além disso, as proteínas flagelinas de B. pseudomallei activam receptores de reconhecimento de agentes patogénicos do hospedeiro, como TLR5 e NLRC4, mas o agente patogénico desenvolveu formas de evitar as respostas imunitárias activadas por estes receptores. (West et al., 2014) demonstraram que, embora os receptores TLR5 e NLRC4 ajudem a controlar a infeção por B. pseudomallei nos pulmões, os ratinhos deficientes em ambos os receptores não eram mais susceptíveis, o que indica que o agente patogénico pode evitar cada recetor individual.

A B. pseudomallei também inibe diretamente as respostas imunitárias. Por exemplo, (Stone et al., 2014) analisou a forma como a B. pseudomallei segrega factores que manipulam os processos das células hospedeiras e desactivam partes do sistema imunitário. Especificamente, a B. pseudomallei utiliza um sistema de secreção do tipo III para injetar proteínas efectoras nas células hospedeiras que suprimem a fagocitose e a produção de espécies reactivas de oxigénio. O agente patogénico também interfere com a apresentação de antigénios para evitar a deteção pelas células T.

No entanto, o hospedeiro ainda é capaz de montar algumas respostas imunitárias contra B. pseudomallei. Krishnananthasivam et al., 2017 descobriram que os doentes com melioidose tinham uma expressão diferente de certos genes de resposta imunitária em comparação com doentes com outras infecções, indicando que o hospedeiro pode reconhecer a B. pseudomallei como um agente patogénico distinto. Um estudo também mostrou que cobaias e ratos desenvolveram imunidade contra B. pseudomallei após a infeção, exibindo sinais de respostas alérgicas, produção de anticorpos e aumento da fagocitose. No entanto, os hamsters dourados continuaram a ser altamente susceptíveis, salientando a forma como a B. pseudomallei evita potentemente a imunidade em alguns hospedeiros.

Em resumo, a B. pseudomallei desenvolveu mecanismos para escapar à imunidade do hospedeiro, expressando proteínas de superfície que inibem as células imunitárias, segregando efetores que suprimem as respostas imunitárias e interferindo com a apresentação de antigénios. No entanto, alguns hospedeiros ainda são capazes de montar respostas imunes adaptativas contra B. pseudomallei, embora a suscetibilidade varie significativamente entre as espécies de hospedeiros. Uma melhor compreensão da forma como a B. pseudomallei evita e suprime tão eficazmente o sistema imunitário do hospedeiro pode ajudar a identificar novos alvos terapêuticos para esta doença mortal.

1.2.1.9 ESTRATÉGIA DE DESENVOLVIMENTO DE VACINAS

Existem várias vacinas candidatas promissoras para a melioidose atualmente em desenvolvimento. Vários grupos de investigação estão a desenvolver um desenho de epítopos baseado na estrutura para identificar antigénios imunogénicos de B. pseudomallei para formulações de vacinas (Gori et al., 2017). Uma reunião de 2014 de especialistas em melioidose recomendou testar todos os epítopos disponíveis em modelos animais e combinar vários epítopos num único suporte para estimular ambos os braços do sistema imunitário (Limmathurotsakul et al., 2015).

As vacinas vivas atenuadas e de subunidades mostraram-se promissoras em estudos com animais, mas ainda não demonstraram sobrevivência a longo prazo após um desafio letal (Patel et al., 2011, Johnson & Ainslie, 2017). Um estudo russo inicial concluiu que as estirpes vivas atenuadas de B. pseudomallei proporcionavam uma proteção estatisticamente significativa em animais moderadamente susceptíveis, mas não em animais altamente susceptíveis; uma vacina bivalente baseada em F. tularensis também se revelou promissora.

Um estudo recente concluiu que uma vacina de subunidade que combina o polissacárido capsular de B. pseudomallei e proteínas recombinantes (CPS-CRM197 e AhpCC57G) estimulou respostas elevadas de anticorpos e células T e proporcionou 70% de sobrevivência em ratinhos após um desafio inalatório de dose elevada (Schmidt et al., 2022). O CPS-CRM197 sozinho também estimulou altas respostas de anticorpos anti-CPS (Burtnick et al., 2018b). Outro grupo descobriu que as proteínas Hcpl e TssM estimularam respostas robustas de células T e, quando combinadas com CPS-CRM197, proporcionaram 100% de sobrevivência e imunidade esterilizante em ratos após desafio inalatório (Burtnick et al., 2018b). Uma análise de custo-eficácia concluiu que as vacinas contra a melioidose poderiam ser rentáveis, especialmente em grupos de alto risco como os diabéticos, mesmo com imunidade apenas parcial (Peacock et al., 2012). Os modelos de desafio diabético e respiratório serão fundamentais para avaliar as vacinas candidatas contra a melioidose, uma vez que reflectem vias comuns de infeção natural (Peacock et al., 2012).

O desenvolvimento de uma vacina eficaz contra a melioidose tem sido um desafio permanente, mas os progressos recentes dão esperança. Foram exploradas múltiplas estratégias de vacinação, incluindo vacinas vivas atenuadas, vacinas de células inteiras mortas, de subunidades, de ADN plasmídico e de células dendríticas (Peacock et al., 2012, Warawa & Woods, 2002). As vacinas vivas atenuadas, embora sejam as mais imunogénicas em modelos animais, não são provavelmente adequadas para os seres humanos devido a preocupações de segurança (Sarkar-Tyson & Titball, 2010). As vacinas mortas e de subunidades têm-se mostrado promissoras e continuam a ser aperfeiçoadas (Peacock et al., 2012, Warawa & Woods, 2002).

Uma análise de custo-benefício concluiu que mesmo uma vacina parcialmente eficaz poderia ser rentável, especialmente se fosse dirigida a grupos de alto risco como os diabéticos em áreas endémicas (Peacock et al., 2012). A vacina ideal forneceria imunidade humoral e mediada por células, uma vez que a melioidose pode ser adquirida através de múltiplas vias de exposição (Peacock et al., 2012). Embora a investigação sobre vacinas se tenha centrado em grande medida na biodefesa, as vacinas poderiam ter um impacto significativo na saúde pública em zonas altamente endémicas como a Tailândia e o norte da Austrália (Peacock et al.,

2012, (Limmathurotsakul et al., 2015)

Vários estudos avaliaram vacinas candidatas em modelos de ratos, mas poucos utilizaram modelos que reflectem com precisão a infeção natural em seres humanos, incluindo modelos diabéticos ou inalatórios (Peacock et al., 2012). As vacinas heterólogas, como uma que utiliza Francisella tularensis, mostraram-se promissoras, tal como certos mutantes atenuados de B. pseudomallei, mas é necessária mais investigação, especialmente em modelos que reflictam melhor a doença humana (Sarkar-Tyson & Titball, 2010). A investigação em curso continua para identificar novos antigénios potenciais para vacinas de subunidades.

A classificação da melioidose em categorias clínicas distintas ajudará a avaliar novos tratamentos e a eficácia da vacina (Leelarasamee, 2004). As descobertas recentes sobre os mecanismos de virulência e sobrevivência intracelular da B. pseudomallei podem ajudar a desenvolver novas terapias e vacinas (Leelarasamee, 2004). Novos meios selectivos e técnicas moleculares melhoram o diagnóstico e distinguem a B. pseudomallei dos seus vizinhos próximos (Leelarasamee, 2004)

Quadro 1.1 Várias vacinas desenvolvidas para regular a infeção por *B. pseudomallei*.

Vaccine Type	Antigens	Response	Reference
Nanoparticle based vaccines	The B. pseudomallei-derived OMVs (M9 OMVs) include proteins linked to intracellular survival but are not harmful to live cells.	Mice that have been immunized show high resistance to lung infection, comparable to that seen with a live attenuated vaccine, and this resistance is accompanied by an increase in IgG, CD4+, and CD8+ T cells.	(Baker et al., 2021)
Nanoglycoconjugate Vaccines	The lipopolysaccharide (LPS) from Burkholderia thailandensis served as an additional antigen	This sophisticated multicomponent glycoconjugate vaccine formulation can protect against	(Tapia et al., 2021)

	and was covalently linked to several nanoglycoconjugates using predicted immunogenic protein candidates, Hcp1, FlgL, OpcP, OpcP1, OmpW, and hemagglutinin.	deadly B. pseudomallei infection by inducing both humoral and cell-mediated responses.	
Nanoglycoconjugate Vaccines	Hcp1 was joined to lipopolysaccharide (LPS), and two more new proteins were added to the surface of a gold nanoparticle (AuNP).	Animals given AuNP glycoconjugate vaccinations produced significant antibody titers against specific proteins and polysaccharides. Importantly, following a fatal challenge with B. pseudomallei, immunized rats receiving the AuNP-FlgL-LPS alone or in combination showed up to 100% survival and decreased lung colonisation.	(Muruato et al., 2017)
Manno-Heptopyranose Hexasaccharide Glycoconjugate	The innocuous Hc domain of the tetanus toxin was connected to the homopolymer of unbranched 1- 3 linked	Developed natural capsule-specific IgM and IgG responses and were resistant to infection by B.	(Scott et al., 2016)

	2-O-acetyl-6-deoxy-d-manno-heptopyranose that was created.	pseudomallei strain K96243 at concentrations more than 120 LD50.	
Glycoconjugated vaccines	CPS-CRM197 was created by covalently attaching the 6-deoxyheptan capsular polysaccharide (CPS) from B. pseudomallei to the recombinant CRM197 diphtheria toxin mutant (CRM197).	High-titer IgG and opsonizing antibody responses were obtained after immunising against CPS-CRM197.	(Burtnick et al., 2018a)
Vectored	Alternative subcellular targeting flagellin DNA vaccines	Compared to the empty vector, C57BL/6 vaccine-treated mice demonstrated a 10-fold reduction in bacterial burdens in the lungs and other distant organs.	(Lankelma et al., 2017)
Bacterial subunits	Combination of BPSL2765, a protein known to trigger immunological responses, and three genes from E. coli, BPSL1897,	Mice that were immunised with the combination of the chronic stage antigens displayed improved protection against experimental disease in mice as compared	(Champion et al., 2016)

	BPSL3369, and BPSL2287.	to animals who were only immunized with capsular polysaccharide or LolC protein.	

Em resumo, embora ainda não exista uma vacina licenciada, estão a ser exploradas várias estratégias promissoras. A investigação contínua sobre os mecanismos de virulência, a classificação clínica e os novos tratamentos contribuirão para o desenvolvimento de vacinas. A investigação sobre a vacina contra a melioidose é uma área ativa, com várias subunidades candidatas promissoras em desenvolvimento. O trabalho futuro deve centrar-se na combinação de epítopos para estimular as respostas das células B e T, melhorando os modelos para refletir melhor a infeção natural e fazendo progredir as candidatas para ensaios clínicos, especialmente em áreas endémicas onde uma vacina poderia ter um impacto substancial na saúde pública. Visar grupos de alto risco em zonas endémicas poderia tornar rentável mesmo uma vacina parcialmente eficaz. A vacina ideal proporcionará imunidade humoral e mediada por células a esta doença difícil.

1.2.2 PROTEÓMICA SUBTRACTIVA PARA IDENTIFICAÇÃO DE ALVOS DE MEDICAMENTOS

E VACINAS CANDIDATAS

A proteómica subtractiva envolve a comparação do proteoma de um agente patogénico com o do seu hospedeiro para identificar proteínas ou antigénios únicos que possam servir como potenciais alvos de medicamentos ou candidatos a vacinas.

Este método facilita aos investigadores a identificação de substâncias químicas que são vitais para a sobrevivência do agente patogénico, o que as torna alvos desejáveis para o desenvolvimento de medicamentos.

Nos últimos cinco anos, o conceito de proteómica subtractiva progrediu significativamente, com melhorias na tecnologia e nos métodos que conduziram a utilizações alargadas e a uma maior precisão. Eis alguns dos principais desenvolvimentos:

1. Integração com outras técnicas ómicas: Os dados da transcriptómica, da metabolómica e dos genomas estão a ser cada vez mais associados à proteómica subtractiva. Esta abordagem multidisciplinar conduziu à identificação de novos alvos terapêuticos e candidatos a vacinas, facilitando simultaneamente uma compreensão mais abrangente dos processos biológicos.
2. Métodos in silico: A aplicação da proteómica subtractiva computacional tem vindo a generalizar-se. As ferramentas de software e os algoritmos são utilizados para prever potenciais alvos de medicamentos e antigénios de vacinas, reduzindo o extenso trabalho de laboratório e acelerando o processo de descoberta.
3. Imunoinformática: A proteómica subtractiva é agora frequentemente associada a técnicas de imunoinformática. Isto ajuda a identificar proteínas imunogénicas que podem ser alvo de desenvolvimento de vacinas, fazendo avançar a conceção de vacinas.
4. Investigação de agentes patogénicos: A proteómica subtractiva tem sido exaustivamente utilizada na investigação de agentes patogénicos para identificar

proteínas essenciais, não homólogas, como possíveis alvos de medicamentos. Isto é especialmente relevante para as doenças infecciosas emergentes e para a resistência aos antibióticos.

5. Maior automatização: Foram desenvolvidos algoritmos informáticos e software automatizados para simplificar a análise de espectros de massa de proteínas e péptidos em estudos de proteómica subtractiva, melhorando a eficiência e a precisão.

6. Vacinologia inversa: A proteómica subtractiva é frequentemente utilizada com a vacinologia inversa. Esta combinação ajuda a identificar potenciais vacinas candidatas através da subtração de genes específicos de agentes patogénicos e da seleção de proteínas imunogénicas para o desenvolvimento de vacinas.

Em resumo, nos últimos cinco anos, a proteómica subtractiva evoluiu através da integração de dados ómicos, de métodos in silico, da imunoinformática e de uma maior automatização. Estes avanços expandiram as suas aplicações em várias áreas, desde a descoberta de medicamentos ao desenvolvimento de vacinas, e aceleraram a identificação de potenciais alvos terapêuticos em agentes patogénicos e outros sistemas biológicos.

Vários estudos aproveitaram a proteómica comparativa para elucidar as proteínas imunogénicas da Burkholderia pseudomallei, a bactéria responsável pela melioidose. A investigação de Burtnick et al., 2017, centrou-se na análise do proteoma do sistema de secreção tipo III da B. pseudomallei. O seu trabalho identificou proteínas com elevado potencial imunogénico, fornecendo informações sobre a virulência do agente patogénico e possíveis alvos terapêuticos (Burtnick et al., 2014).

Vander Broek et al. realizaram uma análise proteómica quantitativa, gerando um dos mais abrangentes secretomas nucleares de B. pseudomallei publicados até à data. O seu estudo identificou 26 proteínas secretadas putativas dependentes de Bsa, iluminando os intrincados mecanismos de secreção bacteriana e potenciais candidatos a vacinas (Vander Broek et al., 2015).

Uma investigação notável de Al-Maleki et al. examinou as alterações no proteoma de variantes de colónias de B. pseudomallei após exposição. Este estudo ofereceu uma compreensão crucial da ligação entre caraterísticas morfológicas e fenotípicas, estabelecendo uma base para compreender a natureza adaptável de B. pseudomallei e a sua resposta a factores ambientais (Al-Maleki et al., 2015). Além disso, Harding et al. identificaram as proteínas de superfície imunogénicas de B. pseudomallei utilizando técnicas proteómicas. Ajudaram a identificar potenciais alvos de vacinação utilizando abordagens paralelas, sublinhando a importância das proteínas de superfície nas interações entre o hospedeiro e o agente patogénico (Harding e outros, 2007).

Felgner et al., 2009, utilizaram uma abordagem de microarray de proteínas, analisando um conjunto diversificado de soros de doentes contra 1.205 proteínas. O seu estudo identificou 49 antigénios, demonstrando a grande utilidade das técnicas proteómicas para a descoberta de proteínas imunogénicas para fins diagnósticos e terapêuticos (Feigner et al., 2009).

Além disso, Mariappan et al. mapearam e identificaram proteínas expressas de forma diferente em B. pseudomallei adaptada ao hospedeiro utilizando perfis proteómicos comparativos baseados em gel. De acordo com Mariappan et al. (2017), este método forneceu informações sobre a adaptabilidade bacteriana e possíveis alvos de tratamento.

Em suma, estes estudos demonstram coletivamente o poder da proteómica comparativa na elucidação do proteoma imunogénico da Burkholderia pseudomallei, contribuindo para o desenvolvimento de ferramentas de diagnóstico e de potenciais candidatos a vacinas para a melioidose.

1.2.2.1 FERRAMENTAS BIOINFORMÁTICAS E BASES DE DADOS PARA A PROTEÓMICA SUBTRACTIVA

1.2.2.1.1 FERRAMENTA TID

O TID é um programa autónomo baseado na premissa de que, para que uma proteína seja um potencial alvo de um medicamento, deve ser crucial para a existência do agente patogénico e não ter homólogos no hospedeiro. Toma um proteoma bacteriano como entrada, remove as proteínas duplicadas, seleciona as essenciais e exclui as semelhantes às proteínas do hospedeiro. Os alvos propostos não apresentam homologia com pelo menos 40 dos 84 micróbios intestinais comuns, o que implica que seriam inofensivos para os seres humanos. O TID agrupa os alvos como estabelecidos, novos ou patogénicos. Os utilizadores podem efetuar análises de vias, análises de pontos de estrangulamento, análises de interação, prever a localização subcelular e atribuir funções, acedendo a servidores Web associados. Os alvos identificados pelo TID para Listeria monocytogenes, Bacillus anthracis e Pseudomonas aeruginosa sobrepõem-se significativamente aos de estudos anteriores. O TID demora cerca de 2 horas a analisar os potenciais alvos de um proteoma bacteriano com cerca de 5000 proteínas. Por conseguinte, propomos o TID como uma ferramenta útil para a conceção racional de medicamentos. O TID está disponível em http://bmicnip.in/TiD/.

1.2.2.1.2 CD-HIT PARA REMOÇÃO DE SEQUÊNCIAS PARALOGAS

O CD-HIT é um programa muito utilizado para agrupar sequências de genes e proteínas semelhantes para reduzir a redundância durante a identificação de alvos (Sarangi et al., 2015, Sarangi et al., 2015, Rahman et al., 2014). O TID inclui um script Python que utiliza o programa CD-HIT com um limiar de identidade de sequência definido para mais de 60%. Isto elimina sequências duplicadas e paralogas de um determinado proteoma bacteriano (Sarangi et al., 2015)

1.2.2.1.3 ANÁLISE DE ESSENCIALIDADE UTILIZANDO DEG E CEG NA FERRAMENTA TID

A DEG é uma base de dados que inclui componentes genéticos essenciais, como genes codificadores de proteínas e ARN não codificantes de bactérias, archaea e eucariotas (Luo et al., 2013). A CEG armazena genes essenciais em grupos ortólogos, pelo que os genes essenciais de diferentes bactérias que partilham a mesma função fazem parte de um grupo CEG (Ye et al., 2013). Os genes essenciais bacterianos do DEG e os agrupamentos de genes essenciais do CEG são combinados com o software BLAST+ para criar uma ferramenta de análise de genes essenciais. Na secção de rastreio de proteínas essenciais do TID, as definições ajustáveis para definir os limiares de e-value e bit score especificados pelo utilizador são disponibilizadas através de menus pendentes.

1.2.2.1.4 ANÁLISE NÃO-HOMOLÓGICA UTILIZANDO A FERRAMENTA BLAST IN TID

A base de dados RefSeq fornece um conjunto não redundante, bem anotado, completo e integrado de sequências de referência que inclui genomas, transcrições e proteomas. Os proteomas completos de humanos, ratos de laboratório, vacas, macacos Rhesus, porquinhos-da-índia e cães domésticos foram retirados da base de dados RefSeq e combinados com o programa BLAST+ para criar a funcionalidade Host NonHomology Analysis. Esta funcionalidade ajuda a identificar proteínas especificadas pelo utilizador de bactérias patogénicas que não têm homologia com proteínas do hospedeiro, com base em limiares especificados de e-value e bit score. Foi construído um separador de análise de dissimilaridade do proteoma do microbiota intestinal utilizando o programa BLAST+ e 84 conjuntos de dados de sequências de proteínas do microbioma intestinal. (Shanmugham & Pan, 2013, Jadhav et al., 2014).

1.2.2.1.5 PREVISÃO DA DROGABILIDADE DE BOLSAS UTILIZANDO O POCKDRUG

Determinar se o local de ligação de uma proteína pode ligar-se a moléculas semelhantes a fármacos com elevada afinidade (denominada drogabilidade) é crucial para identificar alvos de fármacos numa fase precoce do desenvolvimento de fármacos. Assim, a investigação da drogabilidade de uma bolsa de ligação é uma etapa fundamental na criação de novos fármacos. Atualmente, os modelos informáticos que prevêem a drogabilidade baseiam-se num único método para estimar a bolsa, apesar das incertezas em torno da estimativa da bolsa. Neste trabalho, apresentamos o "PockDrug-Server", que prevê a drogabilidade das bolsas de forma robusta, tanto para bolsas extraídas perto de um ligando ligado na forma holo de uma estrutura proteica, utilizando vários limiares de distância, como para bolsas não guiadas baseadas em aminoácidos de superfície que formam potenciais sítios de ligação. O servidor PockDrug- produz consistentemente resultados de drogabilidade para várias técnicas de estimativa de bolsas. O seu desempenho é eficaz mesmo para bolsas apo difíceis sem um ligando ligado, porque é resistente a erros nas fronteiras das bolsas e nas técnicas de estimativa. O seu desempenho é superior ao de modelos recentes para bolsas apo e separa claramente as bolsas farmacológicas das menos farmacológicas utilizando diferentes abordagens de estimativa. Pode ser aplicado a qualquer bolsa definida pelo utilizador ou a proteínas apo/holo individuais ou em conjunto, utilizando as diferentes técnicas de estimativa de bolsas que o nosso sítio Web oferece. (Hussein et al.,2015)

1.2.2 DESENVOLVIMENTO DE VACINAS UTILIZANDO A VACINOLOGIA INVERSA

A vacinologia inversa é uma abordagem utilizada para desenvolver vacinas através do estudo do código genético do agente patogénico e da previsão de possíveis antigénios que possam ser utilizados para a criação de vacinas. Permite aos cientistas criar vacinas capazes de provocar uma reação imunitária robusta contra o agente patogénico.

No que diz respeito à Burkholderia pseudomallei, estas técnicas são utilizadas para identificar novos alvos de medicamentos e antigénios para uma vacina híbrida. Esta tática combina vários componentes de diferentes agentes patogénicos para gerar uma vacina potente contra a melioidose.

A integração da proteómica subtractiva e da vacinologia inversa nos estudos pode resultar na invenção de novas estratégias para combater doenças infecciosas causadas por agentes patogénicos difíceis como a Burkholderia pseudomallei.

Nos últimos cinco anos, a técnica da vacinologia inversa progrediu e avançou significativamente no domínio do desenvolvimento de vacinas. Alguns dos principais avanços na vacinologia reversa durante este período incluem:

Explosão de dados genómicos: A disponibilidade de dados genómicos aumentou consideravelmente, permitindo aos investigadores estudar uma gama mais vasta de agentes patogénicos e identificar potenciais alvos de vacinas de forma mais eficiente. Este facto acelerou o desenvolvimento de vacinas para muitas doenças infecciosas.

Melhorias na bioinformática: Foram criadas ferramentas e algoritmos bioinformáticos mais precisos, permitindo uma melhor previsão e seleção de vacinas candidatas. Estas ferramentas simplificam a análise da informação genómica e proteómica, tornando a vacinologia inversa mais acessível e eficaz.

Integração com tecnologias ómicas: A vacinologia reversa foi combinada com a transcriptómica e a proteómica, duas outras técnicas ómicas. Esta abordagem multidisciplinar melhora a descoberta de antigénios para a produção de vacinas e oferece um conhecimento profundo da biologia da doença.

Ensaios clínicos mais rápidos: O poder da vacinologia reversa 2.0 permitiu um rápido progresso no desenvolvimento de vacinas. Os ensaios clínicos de vacinas concebidas através da vacinologia inversa tiveram início rapidamente, demonstrando a praticidade e a eficácia deste método.

Desenvolvimento de vacinas da próxima geração: Os investigadores têm explorado o desenvolvimento de vacinas da próxima geração utilizando a vacinologia inversa. Esta abordagem centra-se no desenvolvimento de vacinas seguras e eficazes utilizando as mais recentes técnicas e conhecimentos de genómica e proteómica.

1.2.3.1 FERRAMENTA BIOINFORMÁTICA PARA VACINOLOGIA INVERSA

1.2.3.1.1 PREVISÃO DA LOCALIZAÇÃO SUBCELULAR

1.2.3.1.1.1 PSORTb

Desde o seu lançamento inicial em 2003, o PSORTb provou ser o método mais exato para determinar a localização subcelular de proteínas bacterianas. No entanto, ainda precisa de melhorar a sua capacidade de identificar todas as proteínas relevantes. Além disso, ainda não existem métodos fiáveis para identificar subcategorias significativas de localização, tais como proteínas que visam organelos bacterianos ou células hospedeiras, ou para prever a localização subcelular em arqueas.

Melhor recuperação, maior cobertura de previsão em proteomas inteiros e subcategorias de localização subcelular recém-desenvolvidas são caraterísticas da versão 3.0 do PSORTb. É a primeira tecnologia projetada especificamente para prever a localização de qualquer procarioto, incluindo bactérias, archaea e espécies com membranas ou paredes celulares incomuns. Um novo mecanismo de resultados em lote foi adicionado ao programa autónomo para melhorar a sua interface web. Utilizando uma validação cruzada de 5 vezes e um estudo proteómico independente, avaliámos as ferramentas mais precisas de previsão da localização subcelular . Os resultados mostraram que o PSORTb 3.0 é a ferramenta mais exacta, mas pode ser útil complementar as suas previsões com as do Proteome Analyst (Yu et al., 2010).

1.2.3.1.1.2 CELLO v2.5

Embora o pSORTb seja uma excelente ferramenta para a previsão da localização subcelular de proteínas, muitos outros programas de previsão poderosos surgiram ao longo dos anos. Um exemplo é o CELLO, introduzido pela primeira vez em 2004 e posteriormente atualizado para CELLO II com algoritmos melhorados (Yu et al., 2006).

O CELLO destaca-se por utilizar máquinas de vectores de apoio, que não são afectadas pela semelhança das sequências. O CELLO II atualizado utiliza uma estrutura SVM de duas camadas para determinar a localização subcelular. A primeira camada tem vários classificadores SVM que funcionam com base em caraterísticas derivadas da sequência. A segunda camada de SVM processa os resultados da primeira camada e calcula a distribuição de probabilidades pelos compartimentos subcelulares (Yu et al., 2006).

Para elaborar, as SVMs na primeira camada geram cada uma um perfil de probabilidade para a localização subcelular com base na codificação da sequência. A SVM da segunda camada combina então todas estas probabilidades para produzir um resultado de probabilidade final. Finalmente, a localização com a maior probabilidade é prevista como o local subcelular (Yu et al., 2006). Em comparação com outras ferramentas, o CELLO II demonstrou uma precisão excecional de 90%

contra 82,6% do PSORTb 2.0 (Yu, 2006). Embora o pSORTb 3.0 mais recente seja mais exato, a sua elevada taxa de previsões "desconhecidas" torna-o menos útil do que o CELLO II. Assim, o CELLO II pode servir como uma alternativa para analisar proteínas que o PSORTb não consegue categorizar. (Yu et al., 2006)

1.2.3.1.2 Previsão da antigenicidade pelo servidor VAXIJEN

A investigação genómica revolucionou o desenvolvimento de vacinas. A sequenciação de genomas completos permitiu aos cientistas utilizar métodos computacionais para selecionar os antigénios candidatos mais promissores para testar como vacinas antes de realizar experiências de confirmação. Esta técnica é designada por "vacinologia inversa". O alinhamento de sequências é o método que a maioria dos algoritmos utiliza para identificar antigénios. Esta estratégia tem, no entanto, alguns inconvenientes. Apesar de não partilharem uma sequência, certas proteínas têm estruturas e funções comparáveis devido a uma evolução divergente ou convergente. As técnicas baseadas no alinhamento podem produzir resultados pouco claros em determinadas situações. O desenvolvimento de métodos independentes do alinhamento para a previsão de antigénios com base na transformação da covariância cruzada automática (ACC) de sequências de proteínas em representações vectoriais de igual comprimento foi motivado pelas limitações das abordagens de semelhança de sequências dependentes do alinhamento. A categorização de proteínas e as investigações quantitativas da relação estrutura-atividade (QSAR) de péptidos são realizadas utilizando a técnica de extração de sequências de proteínas ACC, que foi criada por Wold em 1993.

O primeiro serviço de previsão de antigénios protectores independentes do alinhamento chama-se VaxiJen. Permite a classificação de antigénios sem a necessidade de alinhamento de sequências com base nas caraterísticas físico-químicas das proteínas. O servidor pode ser utilizado com técnicas de previsão baseadas no alinhamento ou por si só. Está disponível gratuitamente em http://www.jenner.ac.uk/VaxiJen. (Flower & Doytchinova, 2007)

1.2.3.1.3 Servidor NetCTL

A previsão exacta dos epítopos dos linfócitos T citotóxicos (CTL) é fundamental para o desenvolvimento racional de vacinas. Mais importante ainda, pode reduzir o esforço experimental necessário para identificar epítopos. O NetCTL é uma ferramenta baseada na Web desenvolvida para prever epítopos CTL humanos em qualquer proteína. Para tal, combina previsões de clivagem do proteassoma, eficiência de transporte TAP e afinidade de ligação MHC classe I.

O servidor NetCTL ajuda a identificar potenciais epítopos de linfócitos T citotóxicos (CTL), que são fundamentais para compreender as respostas do sistema imunitário.

O NetCTL 1.2 e o NetCTLpan 1.1 são duas versões do servidor, sendo o NetCTLpan 1.1 uma versão actualizada que permite a previsão de epítopos CTL restritos a moléculas específicas do complexo principal de histocompatibilidade (MHC). Estas ferramentas contribuem para a validação em grande escala de métodos de previsão de epítopos CTL humanos em diferentes proteínas.

Os cientistas utilizam o servidor NetCTL pela sua capacidade de analisar sequências de proteínas e prever potenciais epítopos CTL, facilitando a investigação relacionada com a imunologia, o desenvolvimento de vacinas e a compreensão das respostas imunitárias celulares (Larsen et al., 2007)

1.2.3.1.4 Servidor BCPRED

A caraterização e identificação de epítopos de células B são cruciais para o desenvolvimento de vacinas, procedimentos de imunodiagnóstico e síntese de anticorpos. Consequentemente, existe uma grande necessidade de métodos computacionais que possam prever epítopos lineares de células B com elevada precisão. BCPred é uma nova abordagem baseada em kernel de subsequência para a previsão de epítopos lineares de células B. Onze classificadores baseados em SVM desenvolvidos e testados nos ensaios são superados em termos de previsão pelo BCPred (AUC = 0,758) e pelo AAP (AUC = 0,7), um método recentemente divulgado para prever epítopos lineares de células B utilizando a antigenicidade do par de aminoácidos. Além disso, uma comparação da BCPred com a AAP e a ABCPred - uma abordagem baseada numa rede neural recorrente - utilizando dois conjuntos de dados de epítopos de células B distintos que foram anteriormente utilizados para avaliar a ABCPred mostra que a BCPred teve um melhor desempenho do que a ABCPred e a AAP (EL-Manzalawy et al., 2008).

1.3 HIPÓTESE

Partimos da hipótese de que a análise dos proteomas de diferentes Burkholderia pseudomallei causadoras de doenças poderia identificar antigénios partilhados ou nucleares. Poderíamos então analisar as proteínas imunogénicas utilizando a vacinologia inversa para encontrar potenciais candidatos a antigénios. A construção de uma vacina quimérica e a sua validação in silico ajudar-nos-á a compreender que é possível construir vacinas in silico.

1.4 OBJECTIVOS E METAS

O estudo é dividido e completado por quatro objectivos:

- Abordagem proteómica comparativa e subtractiva para a seleção de proteínas para a conceção de vacinas quiméricas.
- Abordagem de vacinologia inversa para identificação de epítopos.
- Conceção e construção de uma vacina quimérica
- Validação in silico da construção da vacina.

1.5 SIGNIFICADO

O Burkholderiapseudomallei é um agente selecionado de nível 3 e causa a doença melioidose. Não existe vacina contra esta doença. Além disso, o organismo é multirresistente e , pelo que se torna obrigatório um estudo sobre o desenvolvimento de uma vacina quimérica.

Capítulo 2: Abordagem proteómica comparativa e subtractiva para a seleção de proteínas para a conceção de vacinas quiméricas

2.1 INTRODUÇÃO

A procura incessante de combater as doenças infecciosas deu origem a abordagens inovadoras para acelerar o desenvolvimento de vacinas utilizando a biotecnologia moderna. Entre estas abordagens, a proteómica comparativa e subtractiva destacam-se como ferramentas poderosas para selecionar proteínas para conceber vacinas quiméricas. Estes métodos tiram partido da riqueza de dados genómicos e proteómicos disponíveis para os agentes patogénicos, permitindo aos investigadores identificar e dar prioridade às proteínas imunogénicas que desempenham papéis críticos na biologia do agente patogénico e na sua capacidade de causar doenças.

A proteómica comparativa envolve a comparação sistemática dos proteomas de diferentes estirpes ou espécies de um agente patogénico. Esta abordagem ajuda a identificar proteínas exclusivas do agente patogénico em causa e que não estão presentes em estirpes não patogénicas estreitamente relacionadas. Estas proteínas distintas são frequentemente candidatas ideais para inclusão em vacinas quiméricas devido ao seu potencial para provocar uma forte resposta imunitária.

A proteómica subtractiva leva a comparação mais longe, subtraindo os dados proteómicos de estirpes não patogénicas ou de organismos relacionados aos do agente patogénico. Este processo de subtração restringe a seleção a proteínas não só específicas do agente patogénico, mas também vitais para a sua sobrevivência e capacidade de causar doenças. Estas proteínas tornam-se alvos principais para a conceção de vacinas quiméricas.

Nesta análise da proteómica comparativa e subtractiva, exploramos a forma como estes métodos são utilizados para selecionar proteínas imunogénicas para o desenvolvimento de vacinas quiméricas. Ao identificar e dar prioridade a estes alvos proteicos fundamentais, os investigadores estão a fazer avançar o campo da vacinologia e a abrir caminho a estratégias mais eficazes para combater doenças infecciosas.

A genómica comparativa oferece os meios para investigar alvos ideais através do exame de processos biológicos e actividades celulares. Além disso, o rastreio seletivo do conteúdo genómico é crucial para a sobrevivência e manutenção das bactérias devido à abundância de ferramentas e software de bioinformática disponíveis gratuitamente. Numerosos dados biológicos "ómicos" disponíveis em fontes públicas dão crédito à ideia de encontrar novos alvos para doenças que constituem um perigo para a vida humana e animal. As estirpes genómicas que foram submetidas a uma sequenciação completa constituem a base para identificar, validar, caraterizar e avaliar potenciais alvos terapêuticos. As definições predefinidas de especificidade e sensibilidade são tidas em conta durante o rastreio seletivo.

Para encontrar os não-homólogos do agente patogénico em questão relativamente aos seres humanos, é aplicado um rastreio subtrativo aos dados do genoma completo de estirpes que foram submetidas a sequenciação. Para evitar que os medicamentos produzidos tenham efeitos adversos, esta análise foi efectuada. O conteúdo central do genoma de toda a linhagem microbiana consiste em genes que são definidos como necessários para o processamento de informação, aparelho de transcrição, maquinaria metabólica, etc. As alterações evolutivas não podem causar a inativação deste conteúdo genómico fundamental por mutação. Os microrganismos tornam-se fatais quando o genoma central é inactivado. Além disso, a avaliação da citotoxicidade ajuda a evitar becos sem saída dispendiosos durante o processo de desenvolvimento de medicamentos e vacinas.

As sequências duplicadas e pseudo-codificadoras foram eliminadas para eliminar a redundância no texto original. Uma base de dados de genes essenciais facilita a análise dos genes importantes de um agente patogénico. O conteúdo do proteoma que não tem qualquer efeito na fisiologia regular dos micróbios intestinais é identificado por uma análise de não-homologia efectuada contra o conteúdo do proteoma da flora intestinal. A "análise diferencial do genoma" selectiva classifica de forma integrada os genes vitais em vias únicas (específicas do agente patogénico) e partilhadas (hospedeiro e agente patogénico). Para encontrar e desenvolver novos fármacos, esta caraterização ajuda a identificar as vias específicas do agente patogénico a atingir. Além disso, a caraterização qualitativa através da localização subcelular, da análise da virulência, da caraterização físico-química, da análise de largo espetro, da anotação funcional e da análise da drogabilidade é utilizada para identificar potenciais alvos terapêuticos de doenças potencialmente fatais em seres humanos e animais.

2.2 MATERIAIS E MÉTODOS

2.2.1 Recolha de dados do proteoma

O serviço UNIPROT forneceu uma lista de todas as estirpes de Burkholderia pseudomallei disponíveis. A estirpe de referência é a Burkholderia pseudomallei (estirpe K96243). Durante a investigação, foram recolhidos mais vinte proteomas não redundantes. De acordo com Huang et al. (2010), as proteínas partilhadas entre proteomas e proteomas de referência foram descobertas utilizando o CD-hit-2D, que está acessível na suite CD-HIT. Depois disso, todas as proteínas comuns foram reunidas num único ficheiro fasta e extraídas para exame adicional.

2.2.2 Identificação e remoção de proteínas duplicadas

Utilizando o CD-HIT (Huang et al., 2010), foi efectuada uma análise subtractiva das proteínas para encontrar as proteínas duplicadas utilizando abordagens de agrupamento. O limite de identidade das sequências foi selecionado em 0,6 ou 60% de identidade, uma vez que as sequências com mais de 60% de identidade revelaram semelhanças nas suas estruturas e funções (Huang et al., 2010). Para alinhar os aminoácidos, foi utilizada a técnica Global Sequence Identity. A cobertura do alinhamento foi obtida selecionando uma largura de banda de 20 aminoácidos e os parâmetros predefinidos.

2.2.3 Rastreio de proteínas essenciais utilizando a ferramenta TID

Os genes codificadores de proteínas essenciais identificados pela análise da essencialidade genética ao nível do genoma são incluídos na base de dados de genes essenciais (DEG) (Luo et al., 2013). Utilizando o programa TID para comparar sequências não redundantes BLASTp com a base de dados DEG, as proteínas essenciais foram filtradas (Gupta et al., 2017). Com uma pontuação de bits de 100, o valor e que foi utilizado foi 10^{-5}.

2.2.4 Rastreio de factores de virulência utilizando a ferramenta TID.

Durante a adesão, colonização e invasão, os componentes de virulência das bactérias modificam e prejudicam o mecanismo de defesa do hospedeiro. Com um valor e de 10^-3, foi efectuado um BLASTp do resultado do CdHIT utilizando o TID (Gupta et al., 2017) e a base de dados VFDB (Chen, 2004).

2.2.5 Rastreio de proteínas que não são homólogas às humanas

Uma lista combinada de proteínas foi produzida pelas três pesquisas separadas acima mencionadas. Utilizando o programa TID (Gupta et al., 2017), a pesquisa BLASTp das proteínas foi efectuada contra a base de dados de sequências de proteínas não redundantes (nr) do hospedeiro Homo sapiens (taxid:9606), com uma pontuação de 100 e um valor de corte de 10^{-3}. Para identificar proteínas homólogas de agentes patogénicos não humanos, as proteínas foram comparadas com as do hospedeiro humano. O desenvolvimento de tratamentos dirigidos a certos agentes patogénicos beneficiará com este trabalho.

2.2.6 Identificação de proteínas com estrutura PDB não homólogas às humanas As proteínas não homólogas às humanas foram comparadas por BLASTp com a base de dados PDB de Burkholderia pseudomallei (estirpe K96243).

2.2.7 Identificação de proteínas com bolsas farmacológicas

Borrel et al. (2015) utilizaram os servidores web PockDrug (http://pockdrug.rpbs.univ-paris-diderot.fr) para prever possíveis lacunas na estrutura da proteína, dando prioridade às que estão localizadas perto ou no seu domínio de Homologia de Pleckstrin (PH).

2.2.8 Previsão da localização biológica das proteínas

Utilizando a localização consensual, que foi prevista online por servidores como o PSORTb v3.0 (Yu et al., 2010) e o CELLO v2.5 (Yu et al., 2014), foi efectuada a previsão da localização subcelular das proteínas para determinar a localização biológica das proteínas farmacológicas.

2.3 RESULTADOS

2.3.1 Estirpes de B. pseudomallei pré-selecionadas

Apenas extraímos 20 proteomas não redundantes do UNIPROT, que inclui o proteoma de referência da Burkholderia pseudomallei (estirpe K96243). O UNIPROT contém muitas estirpes de organismos selecionados. Conseguimos identificar a proteína comum entre o proteoma e o proteoma de referência utilizando CD-HIT 2d. Ao utilizar a análise CD-HIT, eliminámos sequências repetitivas, deixando apenas sequências não redundantes.

2.3.2 Identificação de proteínas essenciais de B. pseudomallei

O resultado do DEG mostrou que 2027 proteínas de B pseudomallei eram críticas, pelo que as mantivemos e deitámos fora as restantes. Este conjunto de 2027 proteínas críticas é necessário para a sobrevivência da Burkholderia pseudomallei. Ao inibir estas proteínas bacterianas, este micróbio será eliminado.

2.3.3 Identificação de factores de virulência de B. pseudomallei

De acordo com os resultados da base de dados de factores de virulência (VFDB), 1796 proteínas foram associadas à patogenicidade de B. pseudomallei. O objetivo destas proteínas é crucial para impedir o desenvolvimento de B. pseudomallei. A procura de novos factores de virulência (VFs) é crucial, uma vez que os VFs investigam o papel dos agentes patogénicos numa série de doenças. Estes alvos proteicos recentemente descobertos serão cada vez mais cruciais para a descoberta de medicamentos e para o rastreio de antibióticos conhecidos.

2.3.4 Identificação de proteínas homólogas não-humanas em B. pseudomallei

No total, 1446 proteínas VF - isto é, proteínas homólogas não humanas - e 1411 proteínas essenciais foram encontradas nesta análise. As restantes 616 essenciais e 350 VFs foram selecionadas por terem semelhanças proteicas com proteínas humanas. A deteção de proteínas homólogas não-humanas ajuda na identificação de proteínas candidatas, o que é benéfico para o desenvolvimento e rastreio de medicamentos.

2.3.5 BLASTp com a base de dados PDB

Após o estudo da base de dados de estruturas BLAST, conseguimos extrair as estruturas de sete proteínas de virulência e cinco proteínas essenciais do PDB. Pelo menos três proteínas (4RLH, 4CFI e 5X9Q) são partilhadas tanto pelas proteínas de virulência como pelas proteínas essenciais, de acordo com uma comparação da análise manual.

2.3.6 Previsão da drogabilidade de bolso

A Tabela 2.1 apresenta os resultados da predição da drogabilidade da bolsa, que indicou que todas as nove proteínas (2XBL, 4RLH, 4CFI, 5X9Q, 5WNN, 4JGB, 4HCN, 4UTI e 4USM) eram drogáveis e tinham pontuações de drogabilidade superiores a 0,5.

Quadro 2.1 Resultados de Pock drug para as nove proteínas susceptíveis de serem usadas como medicamentos

PDB ID	NUMBER OF POCKETS	NUMBER OF DRUGGABLE POCKETS	BEST DRUGGABLE POCKET SCORE
2XBL	27	7	0.99
4RL11	34	27	1.0
4CFI	4	4	0.88
5X9Q	24	13	0.99
5WNN	23	13	1.0
4JGB	12	9	0.99
4HCN	12	2	0.81
4UTI	38	14	0.99
4USM	19	10	0.8

2.3.7 Previsão da localização subcelular e da antigenicidade

Para compreender a localização biológica da proteína que pode ser tratada como medicamento, foi necessário prever com exatidão a localização subcelular. As proteínas encontradas nas membranas extracelular, periplasmática e externa foram consideradas potenciais candidatas à vacinação. As proteínas 4CFI, 5WNN, 4HCN e 4UTI foram consideradas como candidatos prováveis à vacinação. A previsão de antigenicidade do servidor VaxiJen, que mostrou que todos os quatro tinham valores de antigenicidade superiores a 0,5, apoiou ainda mais este facto. Para a criação de vacinas quiméricas, foram escolhidas estas quatro proteínas. Os resultados são apresentados nos quadros 2.1 e 2.2.

Tabela 2.2 Previsão da localização subcelular de proteínas farmacológicas

PDB ID	PSORTb	CELLO
2XBL	Cytoplasmic	Cytoplasmic
4RLH	Cytoplasmic membrane	Cytoplasmic
4CFI	Extracellular	extracellular
5X9Q	Cytoplasmic	Cytoplasmic
5WNN	Periplasmic	Periplasmic
4JGB	Unknown	Cytoplasmic
4HCN	Cytoplasmic	Outer membrane
4UTI	Extracellular	Extracellular
4USM	cytoplasmic	cytoplasmic

2.4 DISCUSSÃO

As técnicas proteómicas avançadas, como a proteómica subtractiva e comparativa, são essenciais para a seleção de proteínas para a formulação de vacinas contra as quimeras. Ao utilizar estes métodos, os investigadores podem descobrir e classificar determinadas proteínas que são cruciais para a sobrevivência e virulência do agente patogénico, utilizando a enorme quantidade de dados genómicos e proteómicos que estão disponíveis para as infecções. Nesta secção, abordamos a importância da proteómica subtractiva e comparativa na escolha de proteínas para a conceção de vacinas quiméricas:

Identificação de proteínas imunogénicas: A proteómica comparativa permite a comparação sistemática de estirpes ou espécies patogénicas com as suas congéneres não patogénicas estreitamente relacionadas. As proteínas que são específicas do agente patogénico e provavelmente imunogénicas são reveladas por esta comparação, o que as torna boas candidatas para a criação de vacinas.

Foco nas proteínas essenciais e não homólogas: A proteómica subtractiva leva o processo de seleção mais longe, subtraindo dados proteómicos de estirpes não patogénicas . Isto limita os candidatos a proteínas essenciais e não homólogas que são específicas do agente patogénico. Estas proteínas são alvos atractivos para as vacinas quiméricas, uma vez que têm maior probabilidade de induzir uma forte resposta imunitária.

Priorização de alvos: A definição de prioridades dos alvos da vacinação de acordo com a sua importância na biologia do agente patogénico é possível graças a estas técnicas proteómicas. As proteínas que desempenham papéis cruciais nos mecanismos de virulência tornam-se as principais candidatas à inclusão de vacinas quiméricas.

Aumentar a eficácia da vacina: Ao selecionar proteínas que são parte integrante da sobrevivência e virulência do agente patogénico, a proteómica comparativa e subtractiva aumenta a probabilidade de conceber vacinas quiméricas que sejam altamente eficazes na prevenção da infeção.

Desenvolvimento de vacinas personalizadas: Estas técnicas podem também ser adaptadas para identificar proteínas imunodominantes específicas dos doentes, permitindo o desenvolvimento de vacinas personalizadas, como se viu em alguns estudos.

2.4 CONCLUSÃO

Em conclusão, a proteómica comparativa e subtractiva são ferramentas inestimáveis para a conceção racional de vacinas quiméricas. Permitem a seleção de proteínas que são cruciais para a biologia do agente patogénico, aumentando as possibilidades de desenvolver vacinas com maior eficácia e especificidade, contribuindo assim para a luta contra as doenças infecciosas.

Capítulo 3: Abordagem de vacinologia inversa para a identificação de epítopos

3.1 INTRODUÇÃO

Os desenvolvimentos actuais em imunologia, biologia estrutural e biologia computacional estão na base do desenvolvimento de vacinas. Vacinologia reversa (RV) é o termo utilizado para designar estes métodos (Donati, 2013). Independentemente da quantidade de um antigénio, do tempo de expressão ou da capacidade de provocar uma resposta imunitária, a RV pode atualmente ser utilizada de forma mais extensiva para detetar todos os antigénios putativos codificados num genoma (Pizza, 2000; Seib, 2012; Masignani, 2002). Para além de ser mais eficaz contra doenças como as leptospiras, que crescem lentamente in vitro, a vacinologia reversa também reduz drasticamente o custo da vacinação (Guimares, 2015). Numerosos agentes patogénicos, incluindo o VD, a Escherichia coli patogénica, a Neisseria meningitidis do serogrupo B, o Streptococcus agalactiae e o Streptococcus pyogenes, foram todos tratados com sucesso (Masignani, 2019; Serruto, 2012).

As proteínas candidatas são selecionadas para os métodos de RV utilizando caraterísticas estruturais, tais como configurações transmembranares integradas, β-barril, alfa-hélices transmembranares, lipoproteínas, proteínas segregadas, péptidos de sinalização e epítopos de células B e T. Estes candidatos são depois desenvolvidos numa vacina de subunidade ou de proteína recombinante. Mas com o advento de numerosos genomas patogénicos adicionais e os mais recentes métodos de bioinformática e de aprendizagem automática, a RV mudou e melhorou a sua precisão.

Neste estudo, as quatro proteínas da membrana externa, periplásmicas e extracelulares foram selecionadas para análise posterior. Estas proteínas foram analisadas em termos de epítopos de células B, epítopos de células T e previsão de epítopos de células B. Várias análises adicionais levaram a seleção de alguns epítopos que podem fazer parte da vacina quimérica.

3.2 MATERIAIS E MÉTODOS

3.2.1 Previsão da proteína antigénica

Podemos identificar proteínas extracelulares, periplasmáticas e da membrana externa promissoras para o desenvolvimento de vacinas, utilizando a técnica de proteómica subtractiva. O servidor Web VaxiJen foi utilizado para interpretar as caraterísticas antigénicas das proteínas escolhidas (Doytchinova & Flower, 2007). Uma proteína com um valor limiar de 0,5 foi considerada como sendo fortemente antigénica. Estas proteínas antigénicas fortes foram levadas para exame adicional.

3.2.2 Previsão de epítopos do MHC de classe I das células T

O servidor NetCTL previu os epítopos MHC de classe I de um subconjunto de proteínas (Larsen et al., 2007). Selecionámos epítopos com uma pontuação combinatória global elevada e estabelecemos um limiar de previsão de 0,75 para a identificação de epítopos. Foram combinadas várias técnicas de previsão, como a clivagem proteasomal, o preditor de afinidade MHC I e a eficiência do transportador TAP com o processamento de antigénios. Após a combinação das pontuações de cada abordagem, foi gerada uma pontuação composta de epítopos.

3.2.3 Previsão da ligação ao MHC I

O recurso de análise da base de dados de epítopos imunitários (IEDB AR) foi utilizado para prever a ligação de epítopos ao MHC I (Kim et al., 2012). A abordagem consensual, que consiste em ANN (Nielsen et al., 2003), SMM (Peters et al., 2005), CombLib (Sidney et al., 2008) e NetMHCpan (Lundegaard et al., 2008), é utilizada como técnica de previsão predefinida, que é aprovada pela IEDB.

Para escolher o epítopo de células T identificado com alelos HLA, foram utilizados o valor IC50 e a classificação percentual. Um maior contacto entre o epítopo do péptido e a molécula MHC é indicado por uma classificação de percentil mais baixa. O servidor IEDB foi utilizado para prever a ligação ao MHC I do epítopo de células T previsto. Para efeitos de previsão da imunogenicidade de classe I, foi selecionado o epítopo projetado com uma afinidade mais forte (IC<200 nm) e uma classificação de percentil (<=0,2).

3.2.4 Previsão da imunogenicidade de classe I

Pensa-se que os complexos MHC ou os epítopos são capazes de iniciar uma resposta imunológica. Como resultado, foi utilizada a ferramenta de previsão da imunogenicidade do MHCI baseada no servidor IEDB (Calis et al., 2013). As previsões de imunogenicidade foram efectuadas utilizando as definições predefinidas. Após a previsão da imunogenicidade, os epítopos com um valor positivo foram selecionados para análise adicional

3.2.5 Análise da antigenicidade, conservação e toxicidade dos epítopos previstos

A lista de epítopos promíscuos produzida pela ferramenta de imunogenicidade foi examinada em termos de antigenicidade utilizando um limiar de 0,5 pelo servidor

VaxiJen versão 2.0. O grau de conservação dos epítopos nas sequências genotípicas foi avaliado utilizando a análise de conservação IEDB (Bui et al., 2007). Para o efeito, foram utilizados os parâmetros de identidade de sequência predefinidos. O objetivo desta investigação é determinar o grau de conservação de um epítopo dentro de uma sequência de proteínas (Dash et al., 2017). Para estimar o nível de toxicidade, as propriedades físico-químicas dos epítopos foram examinadas utilizando o programa do servidor Web ToxinPred. A fim de verificar se a resposta imunitária da célula hospedeira visa apenas as bactérias e não o tecido hospedeiro, esta análise é efectuada utilizando parâmetros predefinidos (Gupta et al., 2013).

3.2.6 Previsões de epítopos de células T MHC de classe II

O servidor IEDB-AR foi utilizado para prever a ligação de epítopos de células T a moléculas MHC de classe II. Os epítopos de células T foram calculados utilizando a técnica de consenso (Wang et al. 2008, Wang et al. 2010). Além disso, este método de previsão de consenso combinou a utilização do método de alinhamento da matriz de estabilização e o método da matriz de ligação relativa média.

3.2.7 Análise do comportamento antigénico e de toxicidade dos epítopos previstos

Os epítopos MHC de classe I e de classe II previstos acima foram submetidos a uma investigação da antigenicidade e da toxicidade. ToxinPred (Gupta et al., 2013) e VaxiJen versão 2.044 (Doytchinova & Flower, 2007) foram as ferramentas utilizadas para as análises de toxicidade e antigenicidade, respetivamente. O VaxiJen (limiar >0,5) prevê o seu comportamento antigénico utilizando o comportamento físico-químico dos epítopos. A ferramenta ToxinPred examinou se as células hospedeiras ou apenas as células bacterianas seriam o alvo da resposta imunitária específica desencadeada.

3.2.8 Previsão de epítopos de células B

I t foi possível prever o epítopo linear das células B para as proteínas. Os servidores BEPIPRED (Jespersen et al., 2017), FBCPREDS (EL-Manzalawy et al., 2008) e BCPREDS (EL-Manzalawy et al., 2008) previram todos epítopos. Em seguida, utilizámos o servidor VaxiJen para prever a antigenicidade. Para análise, foi escolhido o epítopo com um valor de antigenicidade mais elevado (>0,5).

3.2.9 Previsão comparativa de MHC I, MHC II e epítopos de células B juntamente com análise físico-química

Depois de comparar os epítopos MHC-I, MHC-II e de células B, estes epítopos foram utilizados para desenvolver a construção final da vacina. Todos os epítopos utilizados em vacinas quiméricas têm de ser hidrofílicos para que as células humanas respondam aos epítopos através de uma resposta imunitária. A pontuação GRAVY foi descoberta com a ferramenta PROTPARAM. Uma proteína com uma pontuação GRAVY positiva é considerada hidrofóbica, enquanto uma proteína com uma pontuação negativa é considerada hidrofílica. Todos os valores com valores negativos foram selecionados

3.3 RESULTADOS

Quadro 3.1 Previsão da antigenicidade das proteínas membranares, periplasmáticas e extracelulares pré-selecionadas

PDB ID	NAMES	ANTIGENICITY
4CFI	3D structure of FliC from Burkholderia pseudomallei	0.6542 antigen
5WNN	Crystal structure of Phosphate-binding protein PstS protein from Burkholderia pseudomallei	0.7290 antigen
4HCN	Crystal structure of Burkholderia pseudomallei effector protein CHBP in complex with ubiquitin	0.5191 antigen
4UTI	The structure of the flagellar hook junction protein FlgK from Burkholderia pseudomallei	0.5822 antigen

3.3.1 Seleção de epítopos MHC-I de células T potentes

O servidor NetCTL previu os melhores epítopos de células T para quatro proteínas que foram selecionadas com base numa pontuação combinatória elevada. Utilizámos 0,75 como valor limite de previsão. Sete epítopos em 4CFI, oito em 4HCN, 33 em 4UTI e sete em 5WNN foram encontrados pelo software.

O servidor IEDB foi utilizado para antecipar a ligação ao MHC-I de todos os epítopos de células T. Para prever a imunogenicidade da classe I, escolhemos epítopos com elevada afinidade (IC<200 nm) e classificação percentual (<=0,2). Para análise adicional, foram escolhidos 2 de 7 em 4CFI, 4 de 8 em 4HCN, 15 de 33 em UTI e 1 de 7 em 5WNN.

3.3.2 Previsão da imunogenicidade de classe I

Utilizámos a previsão de imunogenicidade IEDB para testar os epítopos previamente escolhidos. A pontuação de imunogenicidade do epítopo variou de -0,44395 a 0,18585. Uma pontuação de imunogenicidade elevada indica uma forte capacidade para induzir imunidade celular e estimular células T naïve. Foram encontradas pontuações positivas para 2 de 2 em 4CFI, 2 de 4 em 4HCN, 6 de 15 em 4UTI e 0 de 1 em 5WNN; por conseguinte, escolhemos estes epítopos (2+2+6+0=10) para exame adicional.

Tabela 3.2. Epítopos MHC I previstos, interação de alelos HLA e análise de imunogenicidade de classe I utilizando o servidor IEDB

Protein PDB ID	Peptide	Interacting MHC I allele	Class I immunogenicity
5WNN	YAKKNNMVY	HLA-B*15:01 (0.8) HLA-B*35:01 (1.5)	-0.42347
4CFI	**LSSTAVTAV**	HLA-A*68:02 (1.1)	0.11794
	SSTAVTAVF	HLA-B*58:01 (0.5) HLA-B*15:01 (0.7)	0.18585
4HCN	**LTQEPRTAY**	HLA-B*15:01 (1.0)	0.15669
	SLDELNQLL	HLA-A*02:01 1.2	-0.01318
	KLRFASHEY	HLA-B*15:01 (0.5) HLA-A*30:01 (0.8)	0.10277
	TLDSHKNYV	HLA-A*02:01 (1.0)	-0.33839
4UTI	TTSDYALSY	HLA-B*15:01 (2.0)	-0.10417
	TSATTPVPY	HLA-B*35:01 (1.1)	0.10748
	ISNAATPGY	HLA-B*58:01 (0.7) HLA-B*15:01 (0.9) HLA-B*35:01 (1.1)	0.12235
	LLDQRDLAV	HLA-B*08:01 (0.8) HLA-A*02:01 (2.0)	-0.02458

	SLSTYYTLV	HLA-A*02:01 (0.5)	0.00456
	SAQPGPTQY	HLA-B*35:01 (1.7)	-0.06112
	SSAAQTALV	HLA-A*68:02 (0.5)	0.00235
	QLVAAGQQY	HLA-B*15:01 (1.0)	-0.04267
	ALDGFSLAI	HLA-A*32:01 (0.5) HLA-A*02:01 (1.3)	0.01307
	FAVGAPAVY	HLA-B*35:01 (0.1) HLA-B*53:01 (1.2) HLA-B*15:01 (1.2)	0.1323
	QSNGNYSVF	HLA-B*15:01 (1.0) HLA-B*58:01 (1.2)	-0.09328
	NTGSATLSV	HLA-A*68:02 (0.48)	-0.18685
	GSATLSVSF	HLA-A*32:01 (0.7) HLA-B*58:01 (0.9)	-0.17659
	SQGSVSAGY	HLA-B*15:01 (0.22)	-0.21818
	TQGSSLSTY	HLA-B*15:01 (0.5)	-0.44395

3.3.3 Previsão da toxicidade, conservação e antigenicidade

Para saber se os epítopos não eram tóxicos, utilizámos a ferramenta ToxinPred. Cada um dos dez epítopos foi confirmado como não tóxico. Utilizando a ferramenta de análise de conservação IEDB, também efectuámos uma análise de conservação num subconjunto de epítopos. Para uma análise adicional, selecionámos epítopos com mais de 50% de conservação. Todos os epítopos estavam 100% conservados, como descobrimos. Utilizámos o servidor VaxiJen para prever a antigenicidade dos epítopos. Os resultados indicaram que três epítopos de 4UTI (SSAAQTALV, ALDGFSLAI e FAVGAP AVY), dois epítopos de 4HCN (LTQEPRTAY e KLRFASHEY) e dois epítopos de 4CFI (LSSTAVTAV e SSTAVTAVF) tinham todos pontuações de antigenicidade superiores a 0,5, indicando que eram altamente antigénicos. Em seguida, para uma análise adicional da hidrofobicidade, escolhemos um epítopo de cada proteína que tinha a maior pontuação de antigenicidade. Os candidatos escolhidos foram ALDGFSLAI de 4UTI, KLRFASHEY de 4HCN e SSTAVTAVF de 4CFI. A Tabela 3.3 apresenta o resultado.

Quadro 3.3 . Epítopo MHC I previsto, toxicidade, antigenicidade e análise de conservação

Protein name	Peptide epitopes	Toxicity (SVM score)	Antigenicity	Conservancy
4CFI	**LSSTAVTAV**	Non-toxin (-1.02)	0.7342 antigen	100%
	SSTAVTAVF	Non toxin (-1.08)	0.7876 antigen	100%
4HCN	**LTQEPRTAY**	Non toxin(-1.45)	0.5702 antigen	100%
	KLRFASHEY	Non toxin (-1.06)	0.7290 antigen	100%
4UTI	TSATTPVPY	Non toxin (-1.04)	0.2237 non-antigen	100%
	ISNAATPGY	Non toxin (-0.87)	0.2937 non-antigen	100%
	SLSTYYTLV	Non-toxin (-1.09)	0.3229 non-antigen	100%
	SSAAQTALV	Non toxin(-0.56)	0.6819 antigen	100%
	ALDGFSLAI	Non toxin (-0.97)	1.579 antigen	100%
	FAVGAPAVY	Non-toxin (-1.28)	0.7139 antigen	100%

3.3.4 Previsão de epítopos MHC II

O servidor IEDB foi utilizado para antecipar os epítopos MHC II para as quatro proteínas escolhidas. Em seguida, 9 epítopos em 4CFI, 14 em 4HCN, 14 em 5WNN e 13 em 4UTI foram selecionados como antigénicos e não tóxicos com base no estudo de antigenicidade e toxicidade. Em seguida, um epítopo de cada proteína com a pontuação de antigenicidade mais elevada foi escolhido para testes adicionais de hidrofobicidade. Os epítopos selecionados foram QSVNSQLTDTVTQIN em 4UTI, KVDIKKLHLDGKLRF em 4HCN, EPKTETFKAAAAGAN em 5WNN e QINVVSDGKGGFTFT em 4CFI.

Resultados nos quadros 3.4, 3.5, 3.6 e 3.7.

Tabela 3.4. Epítopos de classe II previstos do 4CFI pelo servidor IEDB, antigenicidade e análise da toxicidade

Allele	Toxicity (SVM score)	Antigenicity	Start	End	Peptide	Percentile rank
HLA-DRB1*03:01	-0.93 Non-toxin	0.9294 (Probable ANTIGEN)	202	216	**ETTQINVVSDGKGGF**	0.03
HLA-DRB1*03:01	-0.94 Non-Toxin	1.1150 (Probable ANTIGEN).	203	217	**TTQINVVSDGKGGFT**	0.03
HLA-DRB1*03:01	-1.14 Non-Toxin	1.1178 (Probable ANTIGEN).	204	218	**TQINVVSDGKGGFTF**	0.03
HLA-DRB1*03:01	-1.02 Non-Toxin	1.2455 (Probable ANTIGEN).	205	219	**QINVVSDGKGGFTFT**	0.03
HLA-DRB1*03:01	-1.04 Non-Toxin	0.8924 (Probable ANTIGEN).	206	220	**INVVSDGKGGFTFTD**	0.03
HLA-DQA1*01:02/DQB1*06:02	-0.40 Non-Toxin	0.6162 (Probable ANTIGEN).	265	279	**ATDQANATAMVAQIN**	0.04
HLA-DQA1*01:02/DQB1*06:02	-0.28 Non-Toxin	0.6597 (probable ANTIGEN)	266	280	**TDQANATAMVAQINA**	0.04
HLA-DQA1*01:02/DQB1*06:02	-0.50 Non-Toxin	0.6322 (Probable ANTIGEN).	264	278	**SATDQANATAMVAQI**	0.06

HLA-DRB4*01:01	-1.29 Non Toxin	0.1580 (Probable NON-ANTIGEN).	85	99	TNSLQRIRQLAVQAS	0.06
HLA-DRB4*01:01	-1.30 Non Toxin	0.0761 (Probable NON-ANTIGEN)	86	100	NSLQRIRQLAVQASN	0.06
HLA-DRB4*01:01	-1.36 Non Toxin	0.4018 (probable NON-ANTIGEN)	87	101	SLQRIRQLAVQASNG	0.08
HLA-DQA1*01:02/DQB1*06:02	-0.39 Non Toxin	0.4076 (probable NON-ANTIGEN)	267	281	DQANATAMVAQINAV	0.09
HLA-DRB4*01:01	-1.33 Non Toxin	-0.0658 (Probable NON-ANTIGEN)	84	98	LTNSLQRIRQLAVQA	0.11
HLA-DRB4*01:01	-1.23 Non Toxin	-0.0302 (probable NON-ANTIGEN)	83	97	SLTNSLQRIRQLAVQ	0.13
HLA-DRB4*01:01	-1.30 Non Toxin	0.2310 (Probable NON-ANTIGEN).	88	102	LQRIRQLAVQASNGP	0.14
HLA-DRB1*07:01	-1.05 Non Toxin	0.3738 (Probable NON-ANTIGEN)	68	82	NDGVSILQTASSGLT	0.18
HLA-DRB1*07:01	-0.88 Non Toxin	0.2619 (probable NON-ANTIGEN)	67	81	ANDGVSILQTASSGL	0.2
HLA-DRB1*07:01	-1.33 Non Toxin	0.3539 (Probable NON-ANTIGEN).	70	84	GVSILQTASSGLTSL	0.2
HLA-DQA1*01:02/DQB1*06:02	-0.41 Non-Toxin	0.5635 (probable ANTIGEN)			**QANATAMVAQINAVN**	0.2
HLA-DRB1*08:02	-1.26 Non Toxin	0.3494 (probable NON-ANTIGEN)	323	337	QNRFTAIATTQQAGS	0.2

Tabela 3.5. Epítopos de classe II previstos do 4HCN pelo servidor IEDB, antigenicidade e análise da toxicidade

Allele	Toxicity (SVM score)	Antigenicity (score)	Start	End	Peptide	Percentile rank
HLA-DRB1*03:01	-1.31Non-Toxin	0.5212 (Probable ANTIGEN)	296	310	**IKKLHLDGKLRFASH**	0.01
HLA-DRB1*03:01	-1.07Non-Toxin	1.3367 (Probable ANTIGEN)	293	307	**KVDIKKLHLDGKLRF**	0.02
HLA-DRB1*03:01	-1.13Non-Toxin	1.1233 (Probable ANTIGEN).	294	308	**VDIKKLHLDGKLRFA**	0.02
HLA-DRB1*03:01	-1.24Non-Toxin	0.7486 (Probable ANTIGEN).	295	309	**DIKKLHLDGKLRFAS**	0.02
HLA-DRB1*03:01	-1.22Non-Toxin	0.5526 (Probable ANTIGEN).	297	311	**KKLHLDGKLRFASHE**	0.02
HLA-DRB1*03:01	-1.02Non-Toxin	0.7110 (Probable ANTIGEN)	298	312	**KLHLDGKLRFASHEY**	0.03
HLA-DRB1*03:01	-0.93Non-Toxin	0.6783 (Probable ANTIGEN).	299	313	**LHLDGKLRFASHEYD**	0.03

HLA-DRB1*11:01	-1.35Non-Toxin	0.6535 (Probable ANTIGEN	273	287	**PDDVQMRLLASILQI**	0.09
HLA-DRB1*11:01	-1.37Non-Toxin	0.8034 (Probable ANTIGEN).	274	288	**DDVQMRLLASILQID**	0.09
HLA-DRB1*11:01	-1.26 Non Toxin	0.3477 (Probable NON-ANTIGEN).	275	289	DVQMRLLASILQIDK	0.09
HLA-DRB1*11:01	-1.43 Non toxin	0.1986 (Probable NON-ANTIGEN).	276	290	VQMRLLASILQIDKD	0.09
HLA-DRB1*03:01	-1.12 Non Toxin	0.0178 (Probable NON-ANTIGEN).	197	211	HKNYVVIVNDGRLGH	0.09
HLA-DRB1*03:01	-1.12 Non Toxin	0.3948 (Probable NON-ANTIGEN).	198	212	KNYVVIVNDGRLGHK	0.09
HLA-DRB1*03:01	-0.94Non-Toxin	0.6503 (Probable ANTIGEN).	199	213	**NYVVIVNDGRLGHKF**	0.09
HLA-DRB1*03:01	-0.92Non-Toxin	0.6535 (Probable ANTIGEN).	200	214	**YVVIVNDGRLGHKFL**	0.09
HLA-DRB1*03:01	-0.93Non-Toxin	0.7029 (Probable ANTIGEN).	201	215	**VVIVNDGRLGHKFLI**	0.09
HLA-DRB1*11:01	-1.76 Non Toxin	0.4055 (Probable NON-ANTIGEN)	272	286	MPDDVQMRLLASILQ	0.1

HLA-DRB1*03:01	-0.81Non-Toxin	0.8333 (Probable ANTIGEN)	202	216	**VIVNDGRLGHKFLID**	0.14
HLA-DRB1*03:01	-0.88Non-Toxin	1.0533 (Probable ANTIGEN)	203	217	**IVNDGRLGHKFLIDL**	0.15

Tabela 3.6. Epítopos de classe II previstos do 4UTI pelo servidor IEDB, análise de antigenicidade e toxicidade

Allele	Toxicity (SVM score)	Antigenicity (score)	Start	End	Peptide	Percentile_rank
HLA-DRB1*09:01	-1.66 Non-Toxin	0.4175 (Probable NON-ANTIGEN).	62	76	VTVERQYNQYLSNQL	0.05
HLA-DRB1*09:01	-1.62 Non-Toxin	0.5096 (Probable ANTIGEN)	63	77	**TVERQYNQYLSNQLN**	0.05
HLA-DRB1*09:01	-1.50 Non Toxin	0.4736 (Probable NON-ANTIGEN)	64	78	VERQYNQYLSNQLNA	0.05
HLA-DRB1*09:01	-1.49 Non-Toxin	0.5434 (Probable ANTIGEN).	65	79	**ERQYNQYLSNQLNAA**	0.05
HLA-DRB1*09:01	-1.32 Non-Toxin	0.7859 (Probable ANTIGEN)	433	447	**ANGSAIAAASPVLAA**	0.08
HLA-DRB1*09:01	-1.31 Non-Toxin	0.5757 (Probable ANTIGEN).	434	448	**NGSAIAAASPVLAAG**	0.08
HLA-DRB1*09:01	-1.46Non-Toxin	0.5611 (Probable ANTIGEN).	435	449	**GSAIAAASPVLAAGV**	0.08

HLA-DRB1*09:01	-1.51 Non Toxin	0.4833 (Probable NON-ANTIGEN).	436	450	SAIAAASPVLAAGVA	0.08
HLA-DQA1*01:02/DQB1*06:02	-1.17 Non Toxin	0.3981 (Probable NON-ANTIGEN).	430	444	LAIANGSAIAAASPV	0.08
HLA-DQA1*01:02/DQB1*06:02	-1.11 Non Toxin	0.4440 (Probable NON-ANTIGEN).	429	443	SLAIANGSAIAAASP	0.1
HLA-DRB3*01:01	-1.14Non-Toxin	0.6805 (Probable ANTIGEN).	156	170	**RQSVNSQLTDTVTQI**	0.11
HLA-DRB3*01:01	-1.23Non-Toxin	0.8551 (Probable ANTIGEN).	157	171	**QSVNSQLTDTVTQIN**	0.11
HLA-DRB3*01:01	-1.07Non-Toxin	0.7808 (Probable ANTIGEN).	158	172	**SVNSQLTDTVTQINS**	0.11
HLA-DRB3*01:01	-1.13Non-Toxin	0.5874 (Probable ANTIGEN).	159	173	**VNSQLTDTVTQINSY**	0.11
HLA-DRB3*01:01	-1.21 Non Toxin	0.4986 (Probable NON-ANTIGEN)	160	174	NSQLTDTVTQINSYT	0.11
HLA-DQA1*05:01/DQB1*03:01	-1.18 Non Toxin	0.4397 (Probable NON-ANTIGEN)	431	445	AIANGSAIAAASPVL	0.11
HLA-DQA1*05:01/DQB1*03:01	-1.17 Non Toxin	0.3981 (Probable NON-ANTIGEN).	430	444	LAIANGSAIAAASPV	0.12
HLA-DQA1*05:01/DQB1*03:01	-1.24 Non Toxin	0.4904 (Probable	432	446	IANGSAIAAASPVLA	0.12

		NON-ANTIGEN).				
HLA-DQA1*05:01/DQB1*03:01	-1.32 Non-Toxin	0.7859 (Probable ANTIGEN).	433	447	**ANGSAIAAASPVLAA**	0.12
HLA-DQA1*01:02/DQB1*06:02	-1.18 Non Toxin	0.4397 (Probable NON-ANTIGEN).	431	445	AIANGSAIAAASPVL	0.15
HLA-DRB4*01:01	0.95 Non Toxin	0.0697 (Probable NON-ANTIGEN).	634	648	EAANLMQYQQLYQAN	0.15
HLA-DQA1*01:02/DQB1*06:02	-1.31Non-Toxin	0.6585 (Probable ANTIGEN).	428	442	**FSLAIANGSAIAAAS**	0.16
HLA-DQA1*05:01/DQB1*03:01	-1.11 Non Toxin	0.4440 (Probable NON-ANTIGEN)	429	443	SLAIANGSAIAAASP	0.16
HLA-DRB1*09:01	-1.31 Non Toxin	0.3079 (probable NON-ANTIGEN)	474	488	TTLAYNAASKTLSGF	0.17
HLA-DRB1*09:01	-1.11Non-Toxin	0.5803 (Probable ANTIGEN).	472	486	**GTTTLAYNAASKTLS**	0.18
HLA-DRB1*09:01	-1.25 Non Toxin	0.4118 (Probable NON-ANTIGEN).	475	489	TLAYNAASKTLSGFP	0.18
HLA-DRB1*09:01	-1.20Non-Toxin	0.6347 (Probable ANTIGEN).	473	487	**TTTLAYNAASKTLSG**	0.19

Quadro 3.7 Epítopos de classe II previstos do 5WNN pelo servidor IEDB, antigenicidade e análise da toxicidade

Allele	Toxicity (SVM score)	Antigenicity (score)	Start	End	Peptide	Percentile rank
HLA-DPA1*01/DPB1*04:01	-1.23Non-Toxin	0.6013 (Probable ANTIGEN).	266	280	**GKEAWPVVGATFVLL**	0.01
HLA-DPA1*01/DPB1*04:01	-1.30Non-Toxin	0.5675 (Probable ANTIGEN)	267	281	**KEAWPVVGATFVLLH**	0.01
HLA-DPA1*01/DPB1*04:01	-1.34Non-Toxin	0.5568 (Probable ANTIGEN)	268	282	**EAWPVVGATFVLLHA**	0.01
HLA-DPA1*01/DPB1*04:01	-1.08Non-Toxin	0.6616 (Probable ANTIGEN).	269	283	**AWPVVGATFVLLHAK**	0.01
HLA-DPA1*01/DPB1*04:01	-1.02Non-Toxin	0.5595 (Probable ANTIGEN).	270	284	**WPVVGATFVLLHAKQ**	0.01
HLA-DRB1*09:01	-1.27Non-Toxin	0.8929 (Probable ANTIGEN).	238	252	**EPKTETFKAAAAGAN**	0.07
HLA-DPA1*01/DPB1*04:01	-1.35Non-Toxin	0.5532 (Probable ANTIGEN).	271	285	**PVVGATFVLLHAKQD**	0.07

HLA-DPA1*01/DPB1*04:01	-1.17Non-Toxin	0.6022 (Probable ANTIGEN).	272	286	**VVGATFVLLHAKQDK**	0.07
HLA-DQA1*04:01/DQB1*04:02	-0.78Non-Toxin	0.6989 (Probable ANTIGEN).	9	23	**AGLAGALFAVAAHAD**	0.07
HLA-DRB1*09:01	-1.22Non-Toxin	0.5219 (Probable ANTIGEN).	239	253	**PKTETFKAAAAGANW**	0.08
HLA-DRB1*09:01	-1.22Non-Toxin	0.6325 (Probable ANTIGEN)	240	254	**KTETFKAAAAGANWS**	0.08
HLA-DRB1*09:01	-1.20 Non Toxin	0.4477 (Probable NON-ANTIGEN).	241	255	TETFKAAAAGANWSK	0.08
HLA-DRB1*01:01	-1.13 Non Toxin	0.2367 (Probable NON-ANTIGEN).	5	19	QTAFAGLAGALFAVA	0.09
HLA-DQA1*04:01/DQB1*04:02	-0.89Non-Toxin	0.7895 (Probable ANTIGEN).	10	24	**GLAGALFAVAAHADI**	0.1
HLA-DQA1*04:01/DQB1*04:02	-1.05Non-Toxin	0.7103 (Probable ANTIGEN)	11	25	LAGALFAVAAHADIT	0.1
HLA-DQA1*05:01/DQB1*03:01	-1.20 Non Toxin	0.4477 (Probable NON-ANTIGEN).	241	255	TETFKAAAAGANWSK	0.11

HLA-DPA1*01:03/DPB1*02:01	-0.82 Non Toxin	0.4440 (Probable NON-ANTIGEN).	158	172	GSGTSFIWTNYLSKV	0.12
HLA-DQA1*05:01/DQB1*03:01	-1.21 Non Toxin	0.3770 (Probable NON-ANTIGEN).	242	256	ETFKAAAAGANWSKS	0.12
HLA-DQA1*05:01/DQB1*03:01	-1.19 Non Toxin	0.3860 (Probable NON-ANTIGEN).	243	257	TFKAAAAGANWSKSF	0.12
HLA-DRB1*04:05	-1.50 Non Toxin	0.1557 (Probable NON-ANTIGEN).	252	266	NWSKSFYQILTNQPG	0.12
HLA-DRB1*04:05	-1.42 Non Toxin	0.3352 (Probable NON-ANTIGEN)	253	267	WSKSFYQILTNQPGK	0.12
HLA-DRB1*04:05	-1.27Non-Toxin	0.6026 (Probable ANTIGEN).	254	268	**SKSFYQILTNQPGKE**	0.12
HLA-DRB1*04:05	-1.37Non-Toxin	0.6240 (Probable ANTIGEN).	255	269	**KSFYQILTNQPGKEA**	0.12
HLA-DPA1*01:03/DPB1*02:01	-0.93 Non Toxin	0.2636 (Probable NON-ANTIGEN)	159	173	SGTSFIWTNYLSKVN	0.14

HLA-DPA1*01/DPB1*04:01	-0.93 Non Toxin	0.2636 (Probable NON-ANTIGEN)	159	173	SGTSFIWTNYLSKVN	0.14
HLA-DPA1*01/DPB1*04:01	-0.91 Non Toxin	0.2126 (Probable NON-ANTIGEN).	160	174	GTSFIWTNYLSKVND	0.14
HLA-DQA1*05:01/DQB1*03:01	-1.22Non -Toxin	0.6325 (Probable ANTIGEN).	240	254	**KTETFKAAAAGANWS**	0.14
HLA-DQA1*04:01/DQB1*04:02	-0.92 Non Toxin	0.4504 (Probable NON-ANTIGEN).	8	22	FAGLAGALFAVAAHA	0.14
HLA-DPA1*01/DPB1*04:01	-0.82 Non Toxin	0.4440 (Probable NON-ANTIGEN).	158	172	GSGTSFIWTNYLSKV	0.16
HLA-DPA1*01:03/DPB1*02:01	--0.56 Non-Toxin	0.8813 (Probable ANTIGEN).	157	171	DGSGTSFIWTNYLSK	0.18
HLA-DPA1*01:03/DPB1*02:01	-0.91 Non Toxin	0.2126 (Probable NON-ANTIGEN).	160	174	GTSFIWTNYLSKVND	0.18
HLA-DRB1*01:01	-1.38 Non Toxin	0.3206 (Probable NON-ANTIGEN).	4	18	MQTAFAGLAGALFAV	0.19
HLA-DQA1*04:01/DQB1*04:02	-0.99Non -Toxin	0.8033 (Probable ANTIGEN)	12	26	AGALFAVAAHADITG	0.19

3.3.5 Previsão de epítopos de células B

Os linfócitos B têm de localizar um epítopo para desencadear a imunidade humoral. Diferentes servidores, como o BCPREDS, o FBCPREDS e o servidor Bepipred, produziram previsões sobre epítopos de células B. Vários servidores previram vários epítopos de células B; por exemplo, foram selecionadas as previsões de três servidores para o mesmo epítopo. Após a nossa previsão de antigenicidade, os epítopos com um valor de antigenicidade superior a 0,5 foram escolhidos para um estudo adicional de hidrofobicidade. A Tabela 3.8 apresenta os resultados.

3.3.6 Previsão comparativa de epítopos e análise adicional de hidropatia

A sequência final da vacina quimérica foi criada após um estudo de comparação manual dos epítopos MHC I, MHC II e de células B. Depois disso, os epítopos foram submetidos a uma análise de pontuação GRAVY utilizando a ferramenta Protparam. Uma proteína é hidrofóbica se a sua pontuação GRAVY for positiva; as proteínas hidrofílicas têm um valor negativo. Para que os epítopos desencadeiem uma resposta imunitária na célula hospedeira, têm de ser hidrofílicos ou estar presentes na superfície, como mostra a Tabela 3.9.

Tabela 3.8. Previsão de epítopos de células B utilizando os servidores BCPRED, FBCPred e IEDB e respectiva análise de antigenicidade

protein	BCPRED	start	antigenicity	FBCPred	start	Antigenicity	BEPIPRED	start	antigenicity
4CFI	DPCGTDASAPGGAKSVSIVQ	396	**0.9791 (probable ANTIGEN)**	EDPCGTDASAPGGA	395	**1.2901 (probable ANTIGEN)**	AFDEDPCGTDASAPGGAKS	392	**1.2053 (probable ANTIGEN)**

4CFI	VFGSSTAGTGTAASPSFQTL	234	**1.1854 (probable ANTIGEN)**	GSSTAGTGTAASPS	236	**1.9710 (probable ANTIGEN)**	GSSTAGTGTAASPSF	236	**1.9410 (probable ANTIGEN)**
4HCN	SSAATSPAGPLGGLPARSSS	36	**0.5827 (probable ANTIGEN)**	AATSPAGPLGGLPA	38	**0.1331 (probable ANTIGEN)**	INNVGKTGQAGGETERIPSTEPLGSSAATSPAGPLGGLPARSSSISNTNRTGENPM	12	**0.8203 (probable ANTIGEN)**
	SNTNRTGENPMITPIISSNL	57	**1.0913 (probable ANTIGEN)**	SNTNRTGENPMITP	57	**1.4813 (probable ANTIGEN)**	INNVGKTGQAGGETERIPSTEPLGSSAATSPAGPLGGLPARSSSISNTNRTGENPM	12	**0.8203 (probable ANTIGEN)**
	DVPIDPTSIEYLENTSFAEH	171	**0.2266 (probable NON-ANTIGEN)**	TEKDVPIDPTSIEY	168	**0.6727 (probable ANTIGEN)**	DVPIDPTSIE	171	**1.0831 (probable ANTIGEN)**
	QSLSGESSNRVMWNDRYDTL	94	**0.7454 (probable ANTIGEN)**	GESSNRVMWNDRYD	98	**0.8637 (probable ANTIGEN)**	SGESSN	97	**2.7352 (probable ANTIGEN)**

4UTI	NITSATTPVPYDPSKGASMT	505	**0.4465 (probable NON-ANTIGEN)**	TSATTPVPYDPSKG	507	**0.1948 (probable NON-ANTIGEN)**	VTIAGTPPTSINITSATTPVPYDPSKGASMTISSTTQPAPSGVM	494	**0.5384 (probable ANTIGEN)**
	SKGVAGSAQPGPTQYLPDVS	258	**0.8982 (probable ANTIGEN)**	GVAGSAQPGPTQYL	260	**1.0484 (probable ANTIGEN)**	VAGSAQPGPTQYLP	261	**0.9731 (probable ANTIGEN)**
	WGLTTTGQNISNAATPGYSV	18	**0.7917 (probable ANTIGEN)**	WGLTTTGQNISNAATPGYSV	18	**0.7917 (probable ANTIGEN)**	TTGQNISNAATPGYSVERPVYAEASGQYTSSGYLPQGVSTV	22	**0.6516 (probable ANTIGEN)**
	GTPADGDQFTIGANKGTNDG	546	**1.4694 (probable ANTIGEN)**	GTPADGDQFTIGAN	546	**1.4373 (probable ANTIGEN)**	SLSGTPADGDQFTIGANKGTNDGRN	543	**1.4773 (probable ANTIGEN)**
	AVGAPAVYANQNNTGSATLS	332	**0.9549 (probable ANTIGEN)**	AVYANQNNTGSATL	337	**1.0837 (probable ANTIGEN)**	AVYANQNNTGSAT	337	**1.2373 (probable ANTIGEN)**

	TVANNAADPSARQTAMSNAQ	120	**0.6727 (probable ANTIGEN)**	TVANNAADPSARQT	120	**0.8115 (probable ANTIGEN)**	VANNAADPSARQTAMS	121	**0.5948 (probable ANTIGEN)**
	DGTQPTTSDYALSYDGAKYT	356	**1.0344 (probable ANTIGEN)**	QPTTSDYALSYDGA	359	**0.8989 (probable ANTIGEN)**	VDGTQPTTSDYALSY	355	**1.1391 (probable ANTIGEN)**
5WNN	EGTTVNWPTGTGGKGNDGVA	182	**1.8714 (probable ANTIGEN)**	TTVNWPTGTGGKGN	184	**1.7655 (probable ANTIGEN)**	NDEWKSKVGEGTTVNWPTGTGGKGNDGV	173	**1.7688 (probable ANTIGEN)**

Tabela 3.9. Previsão comparativa de MHC I, MHC II e epítopos de células B e análise físico-química.

Protein	MHC 1 epitopes	hydrophobicity	MHC II epitopes	hydrophobicity	B cell Epitopes	hydrophobicity
4CFI	SSTAVTAVF	1.311	QINVVSDGKGGFTFT	0.047	GSSTAGTGTAASPS	-0.193
4HCN	KLRFASHEY	-0.978	KVDIKKLHLDGKLRF	-0.520	SGESSN	-1.633
4UTI	ALDGFSLAI	1.533	QSVNSQLTDTVTQIN	-0.533	SLSGTPADGDQFTIGANKGTNDGRN	-1.020
5WNN	-none	-none	EPKTETFKAAAAGAN	-0.660	EGTTVNWPTGTGGKGNDGVA	-0.770

3.4 DISCUSSÃO

Mesmo com a abundância de técnicas imunoinformáticas disponíveis, a prevenção da melioidose continua a ser uma tarefa difícil. Para encontrar opções de vacinas mais eficazes para combater esta doença infecciosa, pode ser útil a investigação sobre genes bacterianos nucleares ou de núcleo mole (Aslam, 2020). O método tradicional de desenvolvimento de vacinas consome muito tempo e dinheiro, exige muito trabalho e é menos bem sucedido. Em comparação, a conceção de vacinas através de técnicas inovadoras de imunoinformática é menos dispendiosa em termos de tempo e dinheiro, e é mais estável, segura, específica e eficaz (Sette, 2010).

Continuamos a partir do capítulo 2, onde identificámos quatro proteínas com base na sua localização subcelular como potenciais candidatas a vacinas. Depois de determinar que as quatro eram antigénicas através da previsão da antigenicidade, procedemos à previsão do epítopo. Efectuámos as previsões para as células B, MHC-I e MHC-II. Após um estudo exaustivo, decidimos concentrar-nos principalmente num epítopo MHC-I, em 2 epítopos MHC-II e em 4 epítopos de células B, porque a pontuação GRAVY indicava que estes epítopos eram hidrofílicos e, por conseguinte, podiam provocar uma resposta imunológica.

3.5 CONCLUSÃO

Conseguimos selecionar 1 epítopo MHC I, 3 epítopos MHC II e 4 epítopos de células B através de vários métodos de previsão e filtragem. Estes serão utilizados na construção da vacina, uma vez que pretendemos que a nossa vacina provoque imunidade celular e humoral.

Capítulo 4: Conceção e construção da vacina quimérica

4.1 INTRODUÇÃO

A utilização de ferramentas computacionais para criar vacinas quiméricas que visam múltiplos epítopos de agentes patogénicos bacterianos é uma abordagem in silico inovadora para a conceção de vacinas. Os cientistas utilizam técnicas de imunoinformática para identificar e analisar potenciais alvos antigénicos, permitindo o desenvolvimento de vacinas quiméricas com maior imunogenicidade. Esta estratégia visa combater de forma mais abrangente as infecções bacterianas através da incorporação de epítopos que estimulam tanto as respostas imunitárias mediadas por anticorpos como por células.

Estudos como o de Andongma et al. centram-se na conceção computacional de vacinas quiméricas promíscuas com múltiplos epítopos contra a bactéria da tuberculose, especificamente. Estas vacinas destinam-se a provocar respostas imunitárias em múltiplas estirpes ou variantes da bactéria.

Além disso, Al-Megrin et al. salientam a utilização extensiva de ferramentas computacionais para conceber vacinas quiméricas multiepítopos, demonstrada através do seu trabalho sobre a bactéria Enterobacter cloacae. Este facto realça a versatilidade da abordagem in silico em diferentes espécies bacterianas.

Além disso, a investigação de Keshri et al. explora o desenvolvimento de vacinas quiméricas com múltiplos epítopos contra a bactéria Taenia solium, que causa certas infecções. A sua abordagem computacional mostra o potencial destas vacinas para gerar respostas imunitárias robustas, representando uma estratégia promissora contra doenças bacterianas.

Em resumo, a utilização de métodos computacionais para desenvolver vacinas com eficácia alargada a todas as estirpes é uma estratégia promissora e sofisticada para o desenvolvimento de vacinas: conceção in silico de vacinas quiméricas multiepítopos contra bactérias.

4.2 MATERIAIS E MÉTODOS

4.2.1 Construção de uma vacina quimérica multiepítopo

Todos os epítopos OMP escolhidos - HTL, CTL e células B - foram ligados entre si utilizando ligantes de aminoácidos (ligantes HEYGAEALERAG e GGGS) para criar uma vacina quimérica. Utilizando os ligantes "EAAAK" em ambos os terminais (N e C), foram combinados vários adjuvantes para melhorar a imunogenicidade das construções. Os adjuvantes incluíram a beta-defensina (Mei et al., 2012), a proteína HBHA (M. tuberculosis, número de acesso AGV15514.1), a sequência conservada HBHA (Rana & Akhter, 2016) e a proteína ribossómica L7/L12 de 50 s (Lee et al., 2014). A fim de aumentar a potência e a eficácia da vacina, foram adicionados adjuvantes a uma sequência pan DR (PADRE) não natural. Esta PADRE estimula as células T CD4+ e consiste num epítopo de 13 aminoácidos (AKVAAWTLKAAAC).

4.3 RESULTADOS

4.3.1 Construção da vacina quimérica

Todos os epítopos previstos de células B, MHC I e MHC II foram ligados por ligantes de aminoácidos (HEYGAEALERAG e GGGS) para criar uma vacina quimérica. Para aumentar a imunogenicidade da construção, foram-lhe ligados adjuvantes utilizando ligantes EAAAK nos terminais N e C. Os adjuvantes incluíam a beta-defensina, a proteína HBHA (M. tuberculosis, número de acesso AGV15514.1), a proteína ribossómica L7/L12 dos anos 50 e a sequência conservada HBHA. Utilizando os ligantes HEYGAEALERAG e GGGS, é também inserida uma sequência pan-DR não natural (PADRE) em para aumentar a eficácia e a potência da vacina e resolver o problema causado pelo polimorfismo das moléculas HLA-DR na população mundial. A PADRE tem a sequência de aminoácidos AKVAAWTLKAAA. Como mostra a tabela 12, foram criadas quatro construções de vacinas no total.

Quadro 4.1 Modelos de vacinas com diferentes adjuvantes.

VACCINE	CONSTRUCT SEQUENCES
Vaccine Construct 1 with HBHA adjuvant (V1)	EAAAKMAENPNIDDLPAPLLAALGAADLALATVNDLIANLRE RAEETRAETRTRVEERRARLTKFQEDLPEQFIELRDKFTTEELR KAAEGYLEAATNRYNELVERGEAALQRLRSQTAFEDASARAE GYVDQAVELTQEALGTVASQTRAVGERAAKLVGIELEAAAK AKFVAAWTLKAAAHEYGAEALERAGKLRFASHEYGGGSKVD IKKLHLDGKLRFGGGSQSVNSQLTDTVTQINGGGSEPKTETFK AAAAGANGGGSGSSTAGTGTAASPSGGGSSGESSNGGGSSLS GTPADGDQFTIGANKGTNDGRNGGGSEGTTVNWPTGTGGKG NDGVAHEYGAEALERAGAKFVAAWTLKAAAHEYGAEALER AG
Vaccine construct 2 with HBHA conserved adjuvant (V2)	EAAAKMAENSNIDDIKAPLLAALGAADLALATVNELITNLRER AEETRRSRVEESRARLTKLQEDLPEQLTELREKFTAEELRKAA EGYLEAATSELVERGEAALERLRSQQSFEEVSARAEGYVDQA VELTQEALGTVASQVEGRAAKLVGIELEAAAKAKFVAAWTL KAAAHEYGAEALERAGKLRFASHEYGGGSKVDIKKLHLDGK LRFGGGSQSVNSQLTDTVTQINGGGSEPKTETFKAAAAGANG GGSGSSTAGTGTAASPSGGGSSGESSNGGGSSLSGTPADGDQF TIGANKGTNDGRNGGGSEGTTVNWPTGTGGKGNDGVAHEYG AEALERAGAKFVAAWTLKAAAHEYGAEALERAG

Vaccine construct 3 with BETA DEFENSIN adjuvant (V3	EAAAKGIINTLQKYYCRVRGGRCAVLSCLPKEEQIGKCSTRGR KCCRRKKEAAAKAKFVAAWTLKAAAHEYGAEALERAGKLRF ASHEYGGGSKVDIKKLHLDGKLRFGGGSQSVNSQLTDTVTQI NGGGSEPKTETFKAAAAGANGGGSGSSTAGTGTAASPSGGGS SGESSNGGGSSLSGTPADGDQFTIGANKGTNDGRNGGGSEGTT VNWPTGTGGKGNDGVAHEYGAEALERAGAKFVAAWTLKAA A HEYGAEALERAG
Vaccine construct 4 with 50s ribosomal L7/L12 adjuvant (V4)	EAAAKMAKLSTDELLDAFKEMTLLELSDFVKKFEETFEVTAA APVAVAAAGAAPAGAAVEAAEEQSEFDVILEAAGDKKIGVIK VVREIVSGLGLKEAKDLVDGAPKPLLEKVAKEAADEAKAKLE AAGATVTVKEAAAKAKFVAAWTLKAAA HEYGAEALERAGKLRFASHEYGGGSKVDIKKLHLDGKLRFGG GS QSVNSQLTDTVTQINGGGSEPKTETFKAAAAGANGGGSGSST AGTGTAASPSGGGSSGESSNGGGS SLSGTPADGDQFTIGANKGTNDGRNGGGS EGTTVNWPTGTGGKGNDGVAHEYGAEALERAGAKFVAAWT LKAAA HEYGAEALERAG

4.4 DEBATES

O desenvolvimento de vacinas tem sido fundamental para a prevenção e o controlo de doenças infecciosas. Tradicionalmente, as vacinas eram produzidas utilizando agentes patogénicos enfraquecidos ou mortos para provocar uma resposta imunitária. No entanto, os recentes avanços na biotecnologia conduziram a um método mais sofisticado: a conceção e o fabrico de construções de vacinas quiméricas.

As vacinas quiméricas representam uma estratégia inovadora na vacinologia. Estas vacinas são concebidas através da combinação de componentes genéticos de múltiplos agentes patogénicos ou estirpes para criar uma única vacina candidata abrangente. Esta abordagem tem várias vantagens importantes, incluindo a capacidade de combater várias doenças ao mesmo tempo, melhorar a resposta imunitária e ultrapassar as limitações das vacinas convencionais.

A conceção e a construção de construções de vacinas quiméricas dependem de um conhecimento profundo dos agentes patogénicos visados, das suas partes antigénicas e dos princípios imunológicos. Os investigadores utilizam várias técnicas, como a genómica, a proteómica e a bioinformática, para identificar e selecionar os epítopos mais imunogénicos e conservados de diferentes agentes patogénicos. Estes epítopos são depois fundidos para criar uma construção de vacina única e multifacetada.

As vacinas quiméricas têm demonstrado um grande potencial de proteção contra uma grande variedade de doenças infecciosas, incluindo vírus, bactérias e parasitas. A sua capacidade de lidar com ameaças emergentes e reemergentes num panorama global em rápida mutação tornou-as um foco de investigação e desenvolvimento.

Neste artigo, exploramos o fascinante mundo da conceção e construção de vacinas quiméricas. Examinamos as metodologias, os sucessos e os desafios associados a estas vacinas inovadoras e a forma como representam uma ferramenta poderosa na nossa luta contínua contra as doenças infecciosas.

Os epítopos MHC-I, MHC II e de células B estariam todos presentes numa vacinação quimérica ideal, de modo a provocar uma resposta imunitária robusta. A imunidade humoral e a imunidade mediada por células serão induzidas por esta vacina. Foram escolhidos quatro epítopos de células B, três de MHC-II e um epítopo de MHC-I para criar sequências quiméricas. Um adjuvante é um componente de uma vacina que estimula o sistema imunitário do organismo. Foram escolhidos vários adjuvantes para as concepções de vacinação, a fim de examinar o seu impacto na antigenicidade e alergenicidade. Para além dos adjuvantes, foi inserida uma sequência PADRE para resolver os problemas causados pelas variações globais da molécula HLA-DR. Em comparação com as vacinas sem o epítopo T helper, a PADRE demonstrou uma potência 100 vezes superior à dos epítopos T helper universais, enquanto as vacinas contendo PADRE demonstraram melhores respostas CTL e proteção. Foram preparados e examinados oito protótipos de vacinas. Utilizando um ligante EAAAK, foram aplicados adjuvantes a cada projeto. Os ligantes HEYGAEALERAG e GGGS foram utilizados para unir MHC-I, MHC-II, epítopos de células B e a sequência PADRE; estes ligantes não alteram a conformação da construção. Estes dois ligantes foram utilizados para unir os epítopos.

4.5 CONCLUSÃO

Construímos 4 conjuntos de vacinas quiméricas utilizando os epítopos de células B e T pré-selecionados.

Incluímos não só as sequências do epítopo, mas também as sequências do adjuvante e do PADRE. Estas foram unidas utilizando as sequências de ligação. Estas quatro construções continuarão a ser validadas.

Capítulo 5: Validação in silico da construção da vacina

5.1 INTRODUÇÃO

O desenvolvimento de vacinas tem desempenhado, desde há muito tempo, um papel fundamental no combate às doenças infecciosas e na proteção da saúde pública. Tradicionalmente, a conceção e o teste de vacinas envolviam muito trabalho de laboratório e ensaios clínicos, que normalmente demoram muito tempo, têm custos elevados e, por vezes, produzem resultados incertos.

O desenvolvimento de vacinas sofreu uma mudança significativa nos últimos anos, utilizando metodologias computacionais. A validação in silico, um termo que vem da frase latina "in silicon" (referindo-se a simulações em computador), surgiu como uma forma poderosa e inovadora de avaliar o potencial das concepções de vacinas, especialmente as vacinas quiméricas.

As vacinas quiméricas são um tipo de vacina criada através da combinação de partes de diferentes agentes patogénicos ou estirpes para melhorar a sua eficácia. Antes de as vacinas candidatas serem avaliadas em laboratório ou em ensaios clínicos, a validação in silico simula, analisa e melhora-as utilizando tecnologias da biologia computacional, da imunoinformática e da bioinformática.

Esta abordagem tem várias vantagens. Reduz consideravelmente o tempo e o custo do desenvolvimento tradicional de vacinas, permite que os investigadores avaliem rapidamente uma vasta gama de modelos candidatos e fornece informações sobre a sua segurança e eficácia. A validação in silico também desempenha um papel fundamental na conceção de vacinas baseadas em epítopos, garantindo que os epítopos selecionados podem provocar uma forte resposta imunitária.

Neste contexto, este capítulo elucida o mundo da validação *in silico* das concepções de vacinas quiméricas, analisando os métodos, os sucessos e os desafios desta abordagem inovadora. Ao tirar partido do poder das ferramentas computacionais e da modelação preditiva, os investigadores estão a revolucionar o desenvolvimento de vacinas, oferecendo esperança de soluções mais eficientes e eficazes para combater as doenças infecciosas.

5.2 MATERIAIS E MÉTODOS

5.2.1 Previsão da alergenicidade, antigenicidade e solubilidade da construção da vacina

Foram criadas quatro construções de vacinas (VT1, VT2, VT3 e VT4). Para determinar a vacinação ideal, foram utilizadas metodologias para prever a solubilidade, a alergenicidade e a antigenicidade das concepções de vacinas. O servidor AlgPred foi utilizado para analisar a alergenicidade (Saha & Raghava, 2006). No entanto, foram utilizados dois servidores-ANTIGENpro (Magnan et al., 2010) e o servidor VaxiJen 2.044- para prever a antigenicidade. A solubilidade das concepções de vacinas e a probabilidade ($\geq$0,5) também foram previstas utilizando o serviço SOLpro (Cheng et al., 2005).

5.2.2 Previsão de várias propriedades físico-químicas de construções de vacinas utilizando a ferramenta PROTPARAM.

Utilizando o servidor ExPASy Protparam, foram avaliadas as caraterísticas físico-químicas das formulações de vacinas. Os parâmetros físico-químicos das construções de vacinas foram caracterizados utilizando a ferramenta ExPASy Protparam. O sítio Web Protparam fornece dados sobre os valores PI, a quantidade de aminoácidos, o índice alifático, o índice de instabilidade, o peso molecular e a pontuação GRAVY. O índice de instabilidade da proteína (<40) prevê a estabilidade da proteína. As propriedades hidrofílicas e hidrofóbicas de uma proteína são explicadas pelos valores GRAVY, e a sua termoestabilidade é explicada pelo índice alifático.

5.2.3 Previsão da estrutura secundária da construção da vacina

Utilizando o programa PSIPRED v3.3, foram utilizadas construções de vacinas (V1, V2 e V3) para prever os componentes da sua estrutura secundária (Buchan et al., 2013). A sua precisão na previsão da estrutura é de 81,6%. As hélices alfa e beta, bem como as bobinas, podem ser componentes.

5.2.4 Docagem molecular e simulação de dinâmica molecular

Todas as quatro construções de vacinas foram modeladas utilizando a ferramenta online Phyre2 (Kelley et al., 2015). Usando o RCSB-PDB, foram obtidas as IDs de PDB de cada alelo HLA. Foram utilizados os alelos HLA 1A6A, 1XRS, 2Q6W e 6J1W. Utilizando o PatchDock (Schneidman-Duhovny et al., 2003), os alelos HLA foram acoplados molecularmente a quatro construções de vacinas para demonstrar as interações HLA-peptídeo. O servidor Fire Dock (Fast Interaction Refinement in Molecular Docking) foi utilizado para melhorar e voltar a classificar a pontuação de acoplamento molecular de corpo rígido. As dez melhores soluções finais de refinamento são oferecidas pelo FireDock. A energia de ligação global e a pontuação de ligação forneceram a base para os modelos melhorados. Além disso, utilizando o servidor ClusPro, a construção da vacina (V1) foi acoplada ao complexo TLR4/MD2 (PDB ID 2z65) (Kozakov et al., 2017). O GROMACS foi utilizado para efetuar simulações de dinâmica molecular do complexo V1-TLR4.

5.2.5 Otimização de codões e clonagem in silico de construções de vacinas

Para adaptar a utilização do códão da vacina à estirpe hospedeira E. Coli, foi utilizada a ferramenta de adaptação do códão (JCAT) (Grote et al., 2005). A sequência de aminoácidos da vacina foi alterada para funcionar com os códons em E. coli, convertendo-a da sequência inversa para a sequência de ADN. Foi utilizado um algoritmo para calcular os valores CAI, que serviram de base para a adaptação. A nossa investigação não incluiu locais de clivagem de enzimas de restrição, terminadores de transcrição independentes de rho ou locais de ligação de ribossomas procarióticos. A sequência genética modificada do desenho final da vacina foi clonada utilizando a ferramenta SnapGene (Adames et al., 2015) no vetor pET28a de E. coli para garantir a expressão da vacina.

5.3 RESULTADOS

5.3.1 Previsão da alergenicidade, antigenicidade e solubilidade da construção da vacina concebida

ANTIGENPRO, VaxiJen, SOLpro server, AlgPred e VaxiJen foram utilizados para analisar mais aprofundadamente as quatro construções de vacinas, V1, V2, V3 e V4. V4, que se descobriu ser alérgico e foi subsequentemente removido da análise, é não alérgico de acordo com a pontuação prevista da construção da vacina para V1, V2 e V3. Os servidores ANTIGENpro e VAXIJEN foram utilizados para prever a antigenicidade de V1, V2, V3 e V4. Com um valor de antigenicidade previsto superior a 0,90 e 0,75 no VaxiJen, as quatro construções de vacinas demonstraram ter uma boa antigenicidade. As pontuações de solubilidade de todas as quatro foram superiores a 0,7, indicando que a conceção da vacina será altamente solúvel quando for expressa heterologamente em E. coli. A Tabela 5.1 contém todos os resultados.

as quatro foram superiores a 0,7, indicando que a conceção da vacina será altamente solúvel quando for expressa heterologamente em E. coli. A Tabela 5.1 contém todos os resultados.

Tabela 5.1. Caracterização da construção com diferentes adjuvantes.

VACCINE CONSTRUCT	ALGPRED	ANTIGENpro	VAXIJEN	SOLpro
V1	Non-allergen	0.859882	1.1665	0.974576
V2	Non allergen	0.884183	1.1826	0.980100
V3	Non allergen	0.919282	1.4418	0.964183
V4	allergen	0.926492	1.1456	0.982857

5.3.2 Análise físico-química da construção da vacina

O servidor Protparam foi utilizado para analisar as caraterísticas físico-químicas da construção da vacina. Tinha um peso molecular de 26-39 kDa. Descobriu-se que os valores GRAVY eram negativos, indicando que a conceção da vacina é hidrofílica. O elevado intervalo do índice alifático (58 a 71,29) indica a estabilidade da construção da vacina a temperaturas variáveis. Além disso, as pontuações de instabilidade para V1, V2 e V3 foram todas inferiores a 40, indicando que as proteínas estão bem estabilizadas para provocar respostas imunogénicas. A tabela 5.2 também inclui a quantidade total de aminoácidos positivos e negativos.

Tabela 5.2. Propriedades caraterísticas da construção da vacina pelo servidor protparam.

VACCINE CONSTRUCT	MOL WT.	PI	GRAVY	ALIPHATIC INDEX	INSTABILITY INDEX	NEGATIVE AMINO ACID	POSITIVE AMINO ACID
VI	39001.67 (378 AA)	5.15	-0.512	68.44	28.03	54	42
V2	37883.45 (369 AA)	5.05	-0.486	70.87	32.08	54	40
V3	26534.22 (264 AA)	9.26	-0.554	54.58	21.30	25	34
V4	34813.51 (349 AA)	5.15	-0.262	71.29	71.29	48	37

5.3.3 Previsão da estrutura da construção da vacina selecionada

O serviço PSIPRED foi utilizado para antecipar as estruturas secundárias das três últimas construções de vacinas (V1, V2 e V3). Nas Figuras 5.1, 5.2 e 5.3 é apresentada a estrutura secundária. Cada construção de vacina tem uma hélice, uma cadeia e uma bobina na sua estrutura.

Utilizando a ferramenta Phyre2, foram criados os modelos 3-D de V1, V2 e V3 e foi utilizada a análise de Ramachandran para validar os modelos. A figura mostra a estrutura modelada das parcelas de Ramachandran e V1. Com base na Figura 5.4 e 5.5, 83,64% dos resíduos estão localizados na zona permitida.

Figura 5.1. Estrutura secundária das construções de vacina V1 utilizando o servidor PSIPRED

Figura 5.2. Estrutura secundária das construções de vacinas V2 utilizando o servidor PSIPRED

Figura 5.3. Estrutura secundária das construções de vacina V3 no servidor PSIPRED.

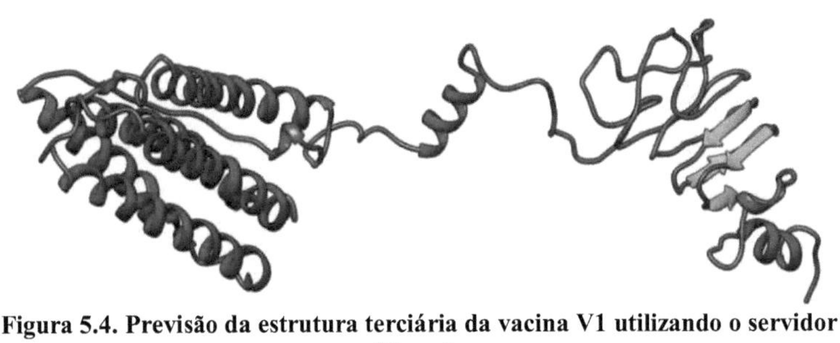

Figura 5.4. Previsão da estrutura terciária da vacina V1 utilizando o servidor Phyre2.

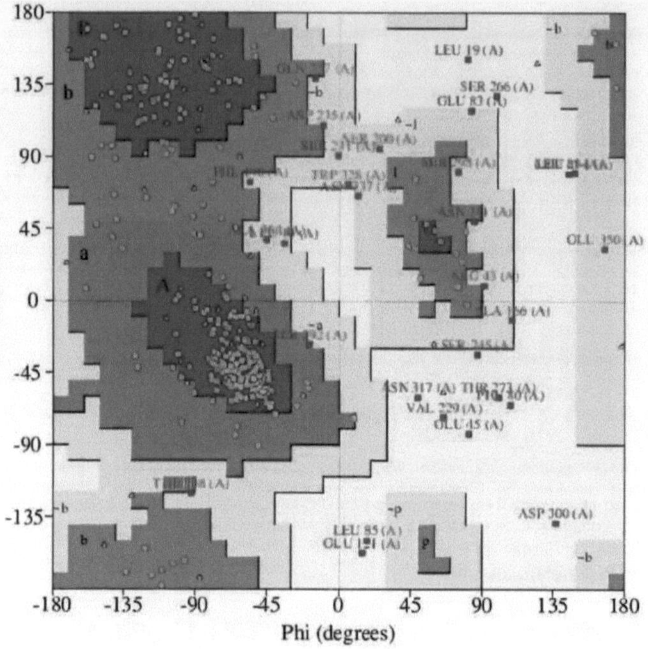

Figura 5.5. Disposição estereoquímica dos resíduos de V1 utilizando o gráfico de Ramachandran, no qual 83,64% dos resíduos se encontram na região permitida.

5.3.4 Ligação de V1, V2 e V3 com a proteína dos alelos HLA

As vacinas e o alelo HLA da população humana interagem. Para investigar este facto, acoplámos V1, V2 e V3 a 4 alelos distintos - 1A6A, 1XR8, 2Q6W e 6J1W. Relativamente aos vários alelos, conforme indicado na Tabela 5.3, V1 tem o valor de energia de ligação global mais baixo: 1A6A (HLA-DR B1*03:01); -11,45, 1XR8 (HLA-B*15:01); -12,88, 2Q6W (HLA-DR B3*01:01); -12,88 e 6J1W (HLA-A*30:01); -5,26. Depois de examinar as três construções distintas, determinámos que a V1 apropriada pode ser utilizada para controlar a Burkholderia pseudomallei.

Tabela 5.3 . Pontuação de ligação de diferentes construções de vacinas com diferentes alelos HLA.

Vaccine constructs	HLA allele PDB ID	score	area	Hydrogen bond energy	Global energy	ACE
V1	1A6A	19756	3090.10	-2.40	-11.45	5.07
	1XR8	16426	2784.50	-2.24	-12.88	6.28
	2Q6W	17566	3001.90	-3.06	-12.88	5.55
	6J1W	17780	2307.30	-4.18	-5.26	7.95
V2	1A6A	16338	1865.0	-5.14	-53.53	7.80
	1XR8	18626	3338.0	0.00	8.66	0.68
	2Q6W	17640	2423.2	-1.97	9.56	11.82
	6J1W	21846	3122.7	-1.47	7.13	5.76
V3	1A6A	14968	2066.20	-2.21	-3.94	4.69
	1XR8	15660	2149.10	-2.72	3.62	11.70
	2A6A	15008	2220.40	-1.28	-8.10	0.88
	6J1W	15972	2260.90	-1.42	-14.36	10.28

5.3.5 Docking e simulação de dinâmica molecular de V1 com TLR4

O adjuvante interage com o TLR4 quando é afixado num desenho de vacinação. Como resultado, investigámos a interação entre V1 e o Complexo TLR4/MD2 (2Z65). O resultado do PatchDock mostrou uma energia de ligação negativa (-2,03), indicando uma interação positiva entre o V1 e o complexo TLR/MD2. O ClusPro também foi utilizado para investigar esta ligação. Com um valor mínimo de energia de -1136,1, o complexo ClusPro mais bem modelado - representado na figura - explica a forma como V1 interage com o complexo TLR/MD2. A simulação da dinâmica molecular utilizando o GROMACS foi utilizada para validar a melhor interação do complexo acoplado. Como se pode ver nas Figuras 5.6 e 5.7, o gráfico RMSD demonstra que o complexo estabiliza após 20 ns.

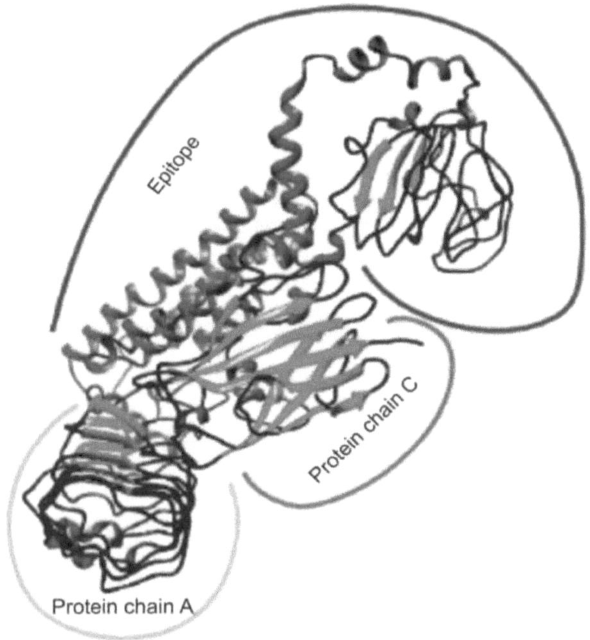

Figura 5.6. Um complexo acoplado da construção da vacina V1 com as cadeias A e C do TLR4 humano

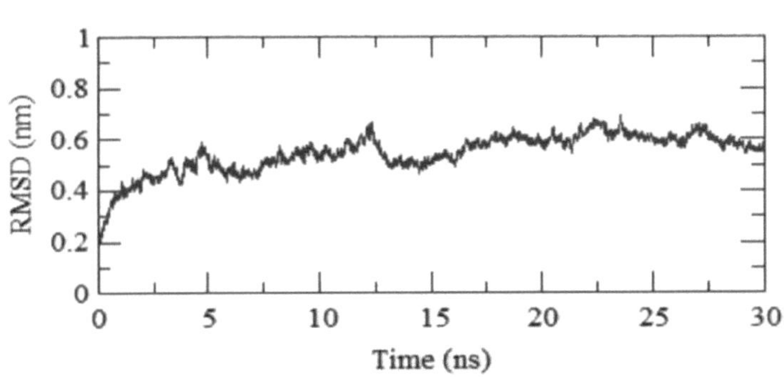

Figura 5.7. Simulação de dinâmica molecular do complexo V1-TLR4

5.3.6 Clonagem in silico da construção da vacina quimérica V1 para a sua expressão heteróloga em E. coli

A clonagem da vacina quimérica multivalente e a sua expressão no vetor de expressão pET28a foram analisadas utilizando a Java Codon Adaptation Tool. Na clonagem in silico, é utilizada uma sequência de cDNA gerada através de tradução inversa. O estudo de otimização do códão de V1 mostrou que a construção tinha um teor de GC de 53,88%. O valor CAI do V1 de 0,988 indica a expressão heteróloga de um gene selecionado que será fortemente expresso em células E. coli. As sequências de ADN de EcoR1 e BMT1 foram fornecidas nas suas extremidades 5' e 3', respetivamente. O V1 foi clonado insilico no vetor pET28a para expressão heteróloga em E. coli utilizando as enzimas de restrição EcoR1 e BMT1.

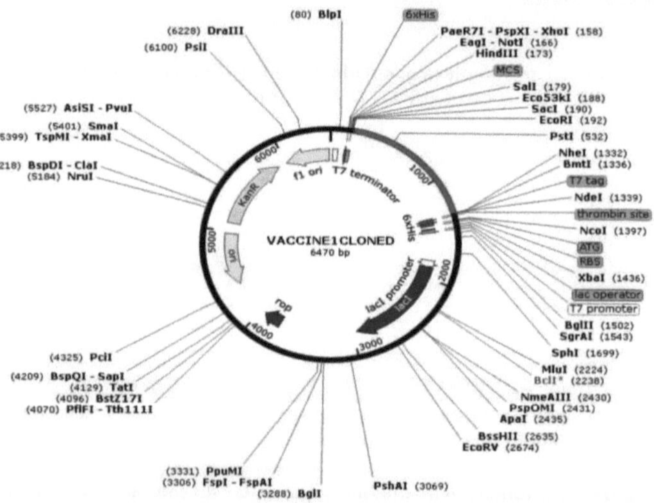

Figura 5.8. Clonagem de restrição in silico da construção final da vacina V1 no vetor de expressão pET28a utilizando as enzimas de restrição EcoR1 e BMT1

5.4 DISCUSSÃO

Os resultados mostraram que provavelmente não haveria problemas com a potência, estabilidade ou expressão da construção da vacina V1 gerada durante as fases experimentais. Tal como indicado anteriormente, a construção de vacina sugerida V1 demonstrou ser um não-alergénio adequado que é altamente antigénico e imunodominante, demonstrando a capacidade da vacina para estimular fortes respostas imunitárias enquanto reduz o risco de alergias. Isto ilustra as propriedades básicas do V1, que, em princípio, pode formar ligações estáveis a níveis de pH que são fisiológicos. Os índices alifáticos e de instabilidade estimados demonstraram a termostatabilidade e a estabilidade do V1, mas uma pontuação GRAVY negativa indicou hidrofilicidade, que foi apoiada por interações significativas com moléculas de água.

A pontuação Z significativa sugeriu uma qualidade excecional do modelo e a maioria dos resíduos de aminoácidos estava localizada na região preferida do gráfico de Ramachandran. Devido à sua forte capacidade de se ligar a moléculas MHC, o V1 pode iniciar respostas imunológicas e depois promover a imunidade adaptativa através da exposição de antigénios epitópicos. As ligações sólidas entre V1 e TLR4 e os complexos MHC II, bem como outros receptores, foram validadas por acoplamento molecular e modelação MD. Durante a acoplagem, observou-se um grande número de ligações H com apenas ligeiras variações em relação às simulações MD, indicando que o V1 tem uma elevada afinidade para os receptores imunológicos.

É utilizado um vetor adequado para clonar e sobre-expressar o candidato multiepítopo, desenvolvendo-o assim. A compreensão da biologia viral fornece importantes aspectos de crescimento que são úteis na conceção de vacinas. Aqui, a clonagem in silico verificou que o vetor pET-28a traduziu e expressou desenhos de vacinas. O desenho incluía epítopos de células T e B, que são essenciais para induzir respostas imunológicas, estimulando as células imunitárias através de uma sinalização complexa. Um inconveniente é o facto de a análise computacional se basear em dados experimentais preliminares sem qualquer validação experimental. A eficiência da previsão é determinada pela avaliação da abordagem computacional e da qualidade dos dados de entrada; a investigação experimental pode revelar plenamente o potencial da vacina quimérica V1 contra a Burkholderia pseudomallei.

5.5 CONCLUSÃO

Durante a validação in silico, verificou-se que a vacina V1 era a candidata a vacina mais adequada. Trata-se de uma quimera de sequências de MHC I, MHC II e epítopos de células B. É uma vacina quimérica multiepitopo, capaz de provocar uma resposta imunitária humoral e mediada por células.

BIBLIOGRAFIA

Adames, N. R., Wilson, M. L., Fang, G., Lux, M. W., Glick, B. S., & Peccoud, J. (2015, 29 de abril). GenoLIB: um banco de dados de partes biológicas derivado de uma biblioteca de caraterísticas comuns de plasmídeo. Nucleic Acids Research, 43(10), 4823-4832. https://doi.org/10.1093/nar/gkv272

Al-Maleki, A. R., Mariappan, V., Vellasamy, K. M., Tay, S. T., & Vadivelu, J. (2015, 21 de maio). Proteoma alterado de variantes de colônia de Burkholderia pseudomallei induzidas pela exposição a células epiteliais de pulmão humano. PLOS ONE, 10(5), e0127398. https://doi.org/10.1371/journal.pone.0127398

Amemiya, K., Dankmeyer, J. L., Bearss, J. J., Zeng, X., Stonier, S. W., Soffler, C., Cote, C. K., Welkos, S. L., Fetterer, D. P., Chance, T. B., Trevino, S. R., Worsham, P. L., & Waag, D. M. (2020). A desregulação da expressão de TNF-α e IFN-γ é uma resposta imune comum do hospedeiro em um modelo de melioidose em camundongo cronicamente infetado ao comparar várias cepas humanas de Burkholderia pseudomallei. BMC Immunology, 21(1), 1-22. https://doi.org/10.1186/s12865-020-0333-9

Baker, S. M., Settles, E. W., Davitt, C., Gellings, P., Kikendall, N., Hoffmann, J., Wang, Y., Bitoun, J., Lodrigue, K. R., Sahl, J. W., Keim, P., Roy, C., McLachlan, J., & Morici, L. A. (2021). Burkholderia pseudomallei OMVs derivados de condições que imitam a infeção provocam proteção semelhante a uma vacina viva atenuada. Em npj Vaccines (Vol. 6, Issue 1). https://doi.org/10.1038/s41541-021-00281-z

Barnes, J. L., & Ketheesan, N. (2007). O desenvolvimento de imunidade protetora num modelo murino de melioidose é influenciado pela fonte de antigénios de Burkholderia pseudomallei. Immunology and Cell Biology, 85(7), 551-557. https://doi.org/10.1038/sj.icb.7100084

Barnes, J. L., Warner, J., Melrose, W., Durrheim, D., Speare, R., Reeder, J. C., & Ketheesan, N. (2004). Imunidade adaptativa na melioidose: Um possível papel das células T na determinação do resultado da infeção por Burkholderia pseudomallei. Clinical Immunology, 113(1), 22-28.

https:ZZdoi.org/10.1016Zj.clim.2004.06.006

Birnie, E., Virk, H. S., Savelkoel, J., Spijker, R., Bertherat, E., Dance, D. A. B., Limmathurotsakul, D., Devleesschauwer, B., Haagsma, J. A., & Wiersinga, W. J.

(2019, agosto). Fardo global da melioidose em 2015: uma revisão sistemática e síntese de dados. The Lancet Infectious Diseases, 19(8), 892-902. https://doi.org/10.1016/s1473-3099(19)30157-4

Borrel, A., Regad, L., Xhaard, H., Petitjean, M., & Camproux, A. C. (2015, 16 de abril). PockDrug: Um modelo para prever a drogabilidade de bolso que supera as incertezas de estimativa de bolso. Journal of Chemical Information and Modeling, 55(4), 882895. https://doi.org/10.1021/ci5006004

Buchan, D. W. A., Minneci, F., Nugent, T. C. O., Bryson, K., & Jones, D. T. (2013, 8 de junho). Serviços da web escalonáveis para o Workbench de análise de proteínas PSIPRED. Nucleic Acids Research, 41(W1), W349-W357. https://doi.org/10.1093/nar/gkt381

Bui, H. H., Sidney, J., Li, W., Fusseder, N., & Sette, A. (2007, 26 de setembro). Desenvolvimento de uma ferramenta de análise de conservação de epítopos para facilitar a conceção de diagnósticos e vacinas baseados em epítopos. BMC Bioinformatics, 8(1). https://doi.org/10.1186/1471-2105-8-361

Burtnick, M. N., Brett, P. J., & DeShazer, D. (2014, agosto). A análise proteômica do secretoma tipo II de Burkholderia pseudomallei revela enzimas hidrolíticas, novas proteínas e a desubiquitinase TssM. Infeção e Imunidade, 82(8), 3214-3226. https://doi.org/10.1128/iai.01739-14

Burtnick, M. N., Shaffer, T. L., Ross, B. N., Muruato, L. A., Sbrana, E., DeShazer, D., Torres, A. G., & Brett, P. J. (2018a). Desenvolvimento de vacinas de subunidades que fornecem proteção de alto nível e imunidade esterilizante contra melioidose inalatória aguda. Infeção e imunidade, 86(1), 1-15. https://doi.org/10.1128/IAI.00724-17

Burtnick, M. N., Shaffer, T. L., Ross, B. N., Muruato, L. A., Sbrana, E.,

DeShazer, D., Torres, A. G., & Brett, P. J. (2018b). Desenvolvimento de vacinas de subunidade que fornecem proteção de alto nível e esterilização Imunidade contra melioidose inalatória aguda. Infeção e Imunidade, 86(1). https://doi.org/10.1128/IAI.00724-17

Calis, JJ A., Maybeno, M., Greenbaum, JA, Weiskopf, D., De Silva, AD, Sette, A., Keşmir, C., & Peters, B. (2013, 24 de outubro). Propriedades dos peptídeos apresentados pelo MHC Classe I que aumentam a imunogenicidade. PLoS Computational Biology, 9 (10), e1003266. https://doi.org/10.1371/journal.pcbi.1003266

Chai, L. Y. A., & Fisher, D. (2018, agosto). Terra, vento, chuva e melioidose. The Lancet Planetary Health, 2(8), e329-e330. https://doi.org/10.1016/s2542-5196(18)30165-7

Champion, O. L., Gourlay, L. J., Scott, A. E., Lassaux, P., Conejero, L., Perletti, L., Hemsley, C., Prior, J., Bancroft, G., Bolognesi, M., & Titball, R. W. (2016). A imunização com proteínas expressas durante a melioidose murina crônica fornece proteção aprimorada contra a doença. Vacina, 34(14), 1665-1671. https://doi.org/10.1016Zj.vaccine.2016.02.038

Chaowagul, W., Simpson, A. J. H., Suputtamongkol, Y., & White, N. J. (1999). Empirical cephalosporin treatment of melioidosis. Clinical Infectious Diseases, 28(6), 1328. https://doi.org/10.1086/517787

Chen, L. (2004, 17 de dezembro). VFDB: uma base de dados de referência para factores de virulência bacteriana. Nucleic Acids Research, 33(Database issue), D325-D328. https://doi.org/10.1093/nar/gki008

Cheng, A. C., & Currie, B. J. (2005). Melioidose: Epidemiologia, Fisiopatologia e Gestão. 18(2), 383-416. https://doi.org/10.1128/CMR.18.2.383

Cheng, A. C., & Currie, B. J. (2005, abril). Melioidose: Epidemiologia, Fisiopatologia e Gestão. Clinical Microbiology Reviews, 18(2), 383-416. https://doi.org/10.1128/cmr.18.2.383-416.2005

Cheng, A. C., & Currie, B. J. (2005, abril). Melioidose: Epidemiologia, Fisiopatologia e Gestão. Clinical Microbiology Reviews, 18(2), 383-416. https://doi.org/10.1128/cmr.18.2.383-416.2005

Cheng, A. C., Jacups, S. P., Ward, L., & Currie, B. J. (2008). Melioidose e estações aborígenes no norte da Austrália. Transactions of the Royal Society of Tropical Medicine and Hygiene, 102(SUPPL. 1), S26-S29. https://doi.org/10.1016/S0035- 9203(08)70008-7

Cheng, J., Randall, A. Z., Sweredoski, M. J., & Baldi, P. (2005, 1 de julho). SCRATCH: a protein structure and structural feature prediction server. *Nucleic Acids Research, 33*(Web Server), W72-W76. https://doi.org/10.1093/nar/gki396

Chetchotisakd, P., Chierakul, W., Chaowagul, W., Anunnatsiri, S., Phimda, K., Mootsikapun, P., Chaisuksant, S., Pilaikul, J., Thinkhamrop, B., Phiphitaporn, S., Susaengrat, W., Toondee, C., Wongrattanacheewin, S., Wuthiekanun, V., Chantratita, N,

Thaipadungpanit, J., Day, N. P., Limmathurotsakul, D., & Peacock, S. J. (2014, março). Trimetoprim-sulfametoxazol versus trimetoprim-sulfametoxazol mais doxiciclina como tratamento erradicativo oral para melioidose (MERTH): um estudo multicêntrico, duplo-cego, de não inferioridade, controlado randomizado. The Lancet, 383(9919), 807814. https://doi.org/10.1016/s0140-6736(13)61951-0

Chierakul, W., Winothai, W., Wattanawaitunechai, C., Wuthiekanun, V., Rugtaengan, T., Rattanalertnavee, J., Jitpratoom, P., Chaowagul, W., Singhasivanon, P., White, N. J., Day, N. P., & Peacock, S. J. (2005, 1 de outubro). Melioidose em 6 sobreviventes do tsunami no sul da Tailândia. Clinical Infectious Diseases, 41(7), 982-990. https://doi.org/10.1086/432942

Chin, C.-Y., Monack, D. M., & Nathan, S. (2010). O perfil do transcriptoma a nível do genoma de um modelo murino de melioidose aguda revela novos conhecimentos sobre a forma como a Burkholderia pseudomallei ultrapassa a imunidade inata do hospedeiro. BMC Genomics, 11(1), 672. https://doi.org/10.1186/1471-2164-11-672

Currie, B. (2015, 2 de fevereiro). Melioidose: Conceitos em evolução em epidemiologia, patogênese e tratamento. Seminários em Medicina

Respiratória e de Cuidados Críticos, 36 (01), 111-125. https://doi.org/10.1055/s-0034-1398389

Currie, B. J., Fisher, D. A., Anstey, N. M., & Jacups, S. P. (2000, maio). Melioidose: doença aguda e crónica, recaída e reativação. Transactions of the Royal Society of Tropical Medicine and Hygiene, 94(3), 301-304. https://doi.org/10.1016/s0035- 9203(00)90333-x

Currie, B. J., Ward, L., & Cheng, A. C. (2010, 30 de novembro). A Epidemiologia e o Espectro Clínico da Melioidose: 540 Casos do Estudo Prospetivo Darwin de 20 Anos. PLoS Neglected Tropical Diseases, 4(11), e900. https://doi.org/10.1371/journal.pntd.0000900

Dance, D. (2014). Tratamento e profilaxia da melioidose. Revista Internacional de Agentes Antimicrobianos, 43(4), 310-318.
https://doi.org/10.1016/j.ijantimicag.2014.01.005

Dance, D. A. (2002, abril). Melioidose. Current Opinion in Infectious Diseases, 15(2), 127132. https://doi.org/10.1097/00001432-200204000-00005

Dance, D. A. B. (2000). Ecologia de Burkholderia pseudomallei e interações entre Burkholderia spp. ambientais e hospedeiros humanos e animais. Ata Tropica, 74(2-3), 159-168. https://doi.org/10.1016/S0001 - 706X(99)00066-2

Dash, R., Das, R., Junaid, M., Akash, M. F. C., Islam, A., & Hosen, S. Z. (2017, março). Projeto de vacina baseado em silico contra a glicoproteína do vírus Ebola. Avanços e Aplicações em Bioinformática e Química, Volume 10, 11-28. https://doi.org/10.2147/aabc.s115859

Doker, T. J., DiOrio, M. S., Elrod, M. G., Bower, W. A., Benoit, T. J., Blaney, D. D., Gee, J. E., Quinn, C. L., Shadomy, S. V., Salehi, E. D., Sherwood, J. J., Hoffmaster, A. R., & Walke, H. T. (2014, 1 de outubro). Infeção fatal por Burkholderia pseudomallei inicialmente relatada como uma espécie de Bacillus, Ohio, 2013. The American Journal of Tropical Medicine and Hygiene, 91(4), 743-746. https://doi.org/10.4269/ajtmh.14-0172

Doytchinova, I. A., & Flower, D. R. (2007, 5 de janeiro). VaxiJen: um servidor para a previsão de antigénios protectores, antigénios tumorais e vacinas de subunidade. BMC Bioinformatics, 8(1). https://doi.org/10.1186/1471-2105-8-4

EL-Manzalawy, Y., Dobbs, D., & Honavar, V. (2008, 22 de maio). Predicting linear B-cell epitopes using string kernels. Journal of Molecular Recognition, 21(4), 243-255. https://doi.org/10.1002/jmr.893

EL-Manzalawy, Y., Dobbs, D., & Honavar, V. (2008, 22 de maio). Predicting linear B-cell epitopes using string kernels. Journal of Molecular Recognition, 21(4), 243-255. https://doi.org/10.1002/jmr.893

Programa Federal de Agentes Selecionados. (n.d.). https://www.selectagents.gov/

Felgner, P. L., Kayala, M. A., Vigil, A., Burk, C., Nakajima-Sasaki, R., Pablo, J., Molina, D. M., Hirst, S., Chew, J. S. W., Wang, D., Tan, G., Duffield, M., Yang, R., Neel, J., Chantratita, N., Bancroft, G., Lertmemongkolchai, G., Davies, D. H., Baldi, P., . . . Titball, R. W. (2009, 11 de agosto). Um microarray de proteínas de Burkholderia pseudomallei revela antigénios de serodiagnóstico e de reação cruzada. Proceedings of the National Academy of Sciences, 106(32), 13499-13504. https://doi.org/10.1073/pnas.0812080106

Fu, L., Niu, B., Zhu, Z., Wu, S., & Li, W. (2012, 11 de outubro). CD-HIT: acelerado para clusterizar os dados de sequenciamento de próxima geração. Bioinformatics, 28(23), 3150-3152. https://doi.org/10.1093/bioinformatics/bts565

Gassiep, I., Armstrong, M., & Norton, R. (2020, 18 de março). Melioidose humana. *Revisões de Microbiologia Clínica, 33(2}.* https://doi.org/10.1128/cmr.00006-19

Gori, A., Bolognesi, M., Colombo, G., & Gourlay, L. J. (2017). Vacinologia estrutural para o projeto de vacinas contra a melioidose e imunodiagnóstico. Relatórios atuais de medicina tropical, 4(3), 103-110. https://doi.org/10.1007/s40475-017-0117-3

Grote, A., Hiller, K., Scheer, M., Munch, R., Nortemann, B., Hempel, D. C., & Jahn, D. (2005, 1 de julho). JCat: uma nova ferramenta para adaptar o uso do códon de um gene alvo ao seu potencial hospedeiro de expressão.

Nucleic Acids Research, 33(Web Server), W526-W531. https://doi.org/10.1093/nar/gki376

Gupta, R., Pradhan, D., Jain, A. K., & Rai, C. S. (2017, janeiro). TiD: Software autônomo para mineração de alvos putativos de drogas a partir de proteoma bacteriano. Genomics, 109(1), 51-57. https://doi.org/10.1016/j.ygeno.2016.11.005

Gupta, S., Kapoor, P., Chaudhary, K., Gautam, A., Kumar, R., & Raghava, G. P. S. (2013, 13 de setembro). Abordagem In Silico para Prever a Toxicidade de Peptídeos e Proteínas. PLoS ONE, 8(9), e73957. https://doi.org/10.1371/journal.pone.0073957

Harding, S. V., Sarkar-Tyson, M., Smither, S. J., Atkins, T. P., Oyston, P. C., Brown, K. A., Liu, Y., Wait, R., & Titball, R. W. (2007, março). A identificação de proteínas de superfície de Burkholderia pseudomallei. Vaccine, 25(14), 2664-2672. https://doi.org/10.1016/j.vaccine.2006.12.006

Hoffmaster, A. R., AuCoin, D., Baccam, P., Baggett, H. C., Baird, R., Bhengsri, S., Blaney, D. D., Brett, P. J., Brooks, T. J., Brown, K. A., Chantratita, N., Cheng, A. C., Dance, D. A., Decuypere, S., Defenbaugh, D., Gee, J. E., Houghton, R., Jorakate, P., Lertmemongkolchai, G., . . . Walke, H. T. (2015, fevereiro). Workshop de diagnóstico de melioidose, 20131. Doenças Infecciosas Emergentes, 21(2). https://doi.org/10.3201/eid2102.141045

Houghton, R. L., Reed, D. E., Hubbard, M. A., Dillon, M. J., Chen, H., Currie, B. J., Mayo,

M . , Sarovich, D. S., Theobald, V., Limmathurotsakul, D., Wongsuvan, G., Chantratita,

N . , Peacock, S. J., Hoffmaster, A. R., Duval, B., Brett, P. J., Burtnick, M. N., & AuCoin, D. P. (2014, 20 de março). Desenvolvimento de um Protótipo de Imunoensaio de Fluxo Lateral (LFI) para o Diagnóstico Rápido da Melioidose. PLoS Neglected Tropical Diseases, 8(3), e2727. https://doi.org/10.1371/journal.pntd.0002727

Huang, Y., Niu, B., Gao, Y., Fu, L., & Li, W. (2010, 6 de janeiro). CD-HIT Suite:

um servidor Web para agrupamento e comparação de sequências biológicas. Bioinformatics, 26(5), 680-682. https://doi.org/10.1093/bioinformatics/btq003

Hussein, H. A., Borrel, A., Geneix, C., Petitjean, M., Regad, L., & Camproux, A. C. (2015, 8 de maio). PockDrug-Server: um novo servidor web para prever a drogabilidade de bolso em proteínas holo e apo. Nucleic Acids Research, 43(W1), W436-W442. https://doi.org/10.1093/nar/gkv462

Jadhav, A., Shanmugham, B., Rajendiran, A., & Pan, A. (2014, outubro). Desvendando novos alvos antibacterianos de amplo espetro em patógenos alimentares e de origem hídrica usando genômica comparativa e análise de rede de interação de proteínas. Infeção, Genética e Evolução, 27, 300-308. https://doi.org/10.1016Zj.meegid.2014.08.007

Jespersen, M. C., Peters, B., Nielsen, M., & Marcatili, P. (2017, 2 de maio). BepiPred-2.0: melhorando a previsão de epítopos de células B baseada em sequência usando epítopos conformacionais. Nucleic Acids Research, 45(W1), W24-W29. https://doi.org/10.1093/nar/gkx346

Johnson, M. M., & Ainslie, K. M. (2017). Vacinas para a prevenção da melioidose e do mormo. Current Tropical Medicine Reports, 4(3), 136-145. https://doi.org/10.1007/s40475-017-0121-7

Kaestli, M., Richardson, L. J., Colman, R. E., Tuanyok, A., Price, E. P., Bowers, J. R., Mayo, M., Kelley, E., Seymour, M. L., Sarovich, D. S., Pearson, T., Engelthaler, D. M., Wagner, D. M., Keim, P. S., Schupp, J. M., & Currie, B. J. (2012, junho). Comparação de ensaios de PCR TaqMan para deteção do agente de melioidose Burkholderia pseudomallei em amostras clínicas. Journal of Clinical Microbiology, 50(6), 20592062. https://doi.org/10.1128/jcm.06737-11

Kaestli, M., Schmid, M., Mayo, M., Rothballer, M., Harrington, G., Richardson, L., Hill, A., Hill, J., Tuanyok, A., Keim, P., Hartmann, A., & Currie, B. J. (2011, 19 de dezembro). Fora do solo: habitats aéreos e exóticos da bactéria da melioidose Burkholderia pseudomallei em gramíneas na Austrália. *Environmental Microbiology, 14(8),* 2058-2070.

https://doi.org/10.1111/j.1462-2920.2011.02671.x

KANAI, K., & DEJSIRILERT, S. (1988). REVISÃO DE PSEUDOMONAS PSEUDOMALLEI E MELIOIDOSIS, COM ESPECIAL REFERÊNCIA À SITUAÇÃO NA TAILÂNDIA. Japanese Journal of Medical Science and Biology, 41(4), 123-157. https://doi.org/10.7883/yoken1952.41.123

Kelley, L. A., Mezulis, S., Yates, C. M., Wass, M. N., & Sternberg, M. J. E. (2015, 7 de maio). O portal da web Phyre2 para modelagem de proteínas, previsão e análise. Nature Protocols, 10(6), 845-858. https://doi.org/10.1038/nprot.2015.053

Kerr, P. (2005). Zoonoses and Communicable Diseases Common to Man aqnd Animals (Zoonoses e Doenças Transmissíveis Comuns ao Homem e aos Animais). Terceira edição. Pedro N Acha e Boris Szyfres. A Review by Peter Kerr. Australian Mammalogy, 27(1), 107. https://doi.org/10.1071/am05107 br

Ketheesan, N., Barnes, J. L., Ulett, G. C., VanGessel, H. J., Norton, R. E., Hirst, R. G., & LaBrooy, J. T. (2002). Demonstração de uma resposta imunitária mediada por células na melioidose. Journal of Infectious Diseases, 186(2), 286-289. https://doi.org/10.1086/341222

Kim, Y., Ponomarenko, J., Zhu, Z., Tamang, D., Wang, P., Greenbaum, J., Lundegaard, C., Sette, A., Lund, O., Bourne, P. E., Nielsen, M., & Peters, B. (2012, 18 de maio). Recurso de análise de banco de dados de epítopos imunológicos. Nucleic Acids Research, 40(W1), W525-W530. https://doi.org/10.1093/nar/gks438

Koh, G. C. K. W., Schreiber, M. F., Bautista, R., Maude, R. R., Dunachie, S., Limmathurotsakul, D., Day, N. P. J., Dougan, G., & Peacock, S. J. (2013, 29 de janeiro). As respostas do hospedeiro à melioidose e à tuberculose são ambas dominadas pela sinalização mediada por interferon. PLoS ONE, 8(1), e54961. https://doi.org/10.1371/journal.pone.0054961

Koh, G. C. K. W., Schreiber, M. F., Bautista, R., Maude, R. R., Dunachie, S., Limmathurotsakul, D., Day, N. P. J., Dougan, G., & Peacock, S. J. (2013). As respostas do hospedeiro à melioidose e à tuberculose são ambas dominadas pela sinalização mediada por interferon. PLoS ONE, 8(1), 1-13. https://doi.org/10.1371/journal.pone.0054961

Koshy, M., Jagannati, M., Ralph, R., Victor, P., David, T., Sathyendra, S., Veeraraghavan, B., & Varghese, G. M. (2019, fevereiro). Manifestações clínicas, medicamentos antimicrobianos

Susceptibility Patterns, and Outcomes in Melioidosis Cases, India (Padrões de suscetibilidade e resultados em casos de melioidose, Índia). Emerging Infectious Diseases, 25(2), 316-320. https://doi.org/10.3201/eid2502.170745

Kozakov, D., Hall, D. R., Xia, B., Porter, K. A., Padhorny, D., Yueh, C., Beglov, D., & Vajda, S. (2017, 12 de janeiro). O servidor web ClusPro para docagem de proteína-proteína. Nature Protocols, 12(2), 255-278. https://doi.org/10.1038/nprot.2016.169

Krishnananthasivam, S., Jayathilaka, N., Sathkumara, H. D., Corea, E., Natesan, M., & De Silva, A. D. (2017). Análise da expressão do gene hospedeiro em pacientes com melioidose do Sri Lanka. PLoS Doenças Tropicais Negligenciadas, 11(6), 1-19.

https://doi .org/10.1371/journal.pntd.0005643

Kronsteiner, B., Chaichana, P., Sumonwiriya, M., Jenjaroen, K., Chowdhury, F. R., Chumseng, S., Teparrukkul, P., Limmathurotsakul, D., Day, N. P. J., Klenerman, P., & Dunachie, S. J. (2019). O diabetes altera os padrões de resposta imune à melioidose aguda em humanos. European Journal of Immunology, 49(7), 1092-1106. https://doi.org/10.1002/eji.201848037

Lankelma, J. M., Wagemakers, A., Birnie, E., Haak, B. W., Trentelman, J. J. A., Weehuizen, T. A. F., Ersöz, J., Roelofs, J. J. T. H., Hovius, J. W., Wiersinga, W. J., & Bins, A. D. (2017). Vacinação rápida de DNA contra flagelina de Burkholderia pseudomallei por tatuagem ou aplicação intranasal. Virulência, 8(8), 1683-1694. https://doi.org/10.1080/21505594.2017.1307485

Larsen, M. V., Lundegaard, C., Lamberth, K., Buus, S., Lund, O., & Nielsen, M. (2007, 31 de outubro). Validação em larga escala de métodos para a previsão de epítopos de linfócitos T citotóxicos. BMC Bioinformatics, 8(1). https://doi.org/10.1186/1471-2105-8-424

Laws, T. R., Taylor, A. W., Russell, P., & Williamson, D. (2019). O tratamento da melioidose: existe um papel para os medicamentos reaproveitados? Uma proposta e revisão. Revisão especializada da terapia anti-infecciosa, 17(12), 957-967. https://doi.org/10.1080/14787210.2018.1496330

Lee, S. J., Shin, S. J., Lee, M. H., Lee, M. G., Kang, T. H., Park, W. S., Soh, B. Y., Park, J. H., Shin, Y. K., Kim, H. W., Yun, C. H., Jung, I. D., & Park, Y. M. (2014, 7 de agosto). Um potencial adjuvante de proteína derivado de Mycobacterium tuberculosis Rv0652 melhora a imunoterapia de tumor baseada em células dendríticas. PLoS ONE, 9(8), e104351. https://doi.org/10.1371/journal.pone.0104351

Leelarasamee, A. (2004). Desenvolvimento recente da melioidose. Opinião Atual em Doenças Infecciosas, 17(2), 131-136. https://doi.org/10.1097/00001432-200404000-00011

Limmathurotsakul, D., & Peacock, S. J. (2011, 9 de maio). Melioidose: uma visão clínica. *British Medical Bulletin, 99*(1), 125-139. https://doi.org/10.1093/bmb/ldr007

Limmathurotsakul, D., Dance, D. A. B., Wuthiekanun, V., Kaestli, M., Mayo, M., Warner, J., Wagner, D. M., Tuanyok, A., Wertheim, H., Yoke Cheng, T., Mukhopadhyay, C., Puthucheary, S., Day, N. P. J., Steinmetz, I., Currie, B. J., & Peacock, S. J. (2013). Revisão sistemática e diretrizes de consenso para amostragem ambiental de Burkholderia pseudomallei. PLoS Neglected Tropical Diseases, 7(3), e2105. https://doi.org/10.1371/journal.pntd.0002105

Limmathurotsakul, D., Funnell, S. G. P., Torres, A. G., Morici, L. A., Brett, P. J., Dunachie, S ., Atkins, T., Altmann, D. M., Bancroft, G., & Peacock, S. J. (2015). Consenso sobre o desenvolvimento de vacinas contra a melioidose adquirida naturalmente. Emerging Infectious Diseases, 21(6), e1-e7. https://doi.org/10.3201/eid2106.141480

Limmathurotsakul, D., Golding, N., Dance, D. A. B., Messina, J. P., Pigott, D.

M., Moyes, C. L., Rolim, D. B., Bertherat, E., Day, N. P. J., Peacock, S. J., & Hay, S. I. (2016, 11 de janeiro). Distribuição global prevista de Burkholderia pseudomallei e carga de melioidose. Nature Microbiology, 1(1). https://doi.org/10.1038/nmicrobiol.2015.8

Lundegaard, C., Lamberth, K., Harndahl, M., Buus, S., Lund, O., & Nielsen, M. (2008, 7 de maio). NetMHC-3.0: previsões precisas e acessíveis na Web das afinidades do MHC de classe I de humanos, ratos e macacos para péptidos de comprimento 8-11. Nucleic Acids Research, 36(suppl_2), W509-W512. https://doi.org/10.1093/nar/gkn202

Luo, H., Lin, Y., Gao, F., Zhang, C. T., & Zhang, R. (2013, 15 de novembro). DEG 10, uma atualização da base de dados de genes essenciais que inclui tanto genes codificadores de proteínas como elementos genómicos não codificadores: Tabela 1. Nucleic Acids Research, 42(D1), D574-D580. https://doi.org/10.1093/nar/gkt1131

Luo, H., Lin, Y., Gao, F., Zhang, C. T., & Zhang, R. (2013, 15 de novembro). DEG 10, uma atualização da base de dados de genes essenciais que inclui tanto genes codificadores de proteínas como elementos genómicos não codificantes: Tabela 1. Nucleic Acids Research, 42(D1), D574-D580. https://doi.org/10.1093/nar/gkt1131

Magnan, C. N., Zeller, M., Kayala, M. A., Vigil, A., Randall, A., Feigner, P. L., & Baldi, P. (2010, 7 de outubro). Previsão de alto rendimento da antigenicidade de proteínas usando dados de microarray de proteínas. Bioinformatics, 26(23), 2936-2943. https://doi.org/10.1093/bioinformatics/btq551

Mariappan, V., Vellasamy, K. M., & Vadivelu, J. (2017, 21 de agosto). A adaptação do hospedeiro de Burkholderia pseudomallei altera o metabolismo e a virulência: uma análise global do proteoma. Relatórios Científicos, 7(1). https://doi.org/10.1038/s41598-017-09373-0

Maurya, S., Akhtar, S., & Khan, M. K. A. (2023). Abordagem imunoinformática para a conceção de vacina quimérica contra a doença de Whitmore. *The Open Bioinformatics Journal, 16(1).*

10.2174/0118750362253383230922100803

Mei, H. F., Jin, X. B., Zhu, J. Y., Zeng, A. H., Wu, Q., Lu, X. M., Li, X. B., & Shen, J. (2012, 13 de fevereiro). A β-defensina 2 como adjuvante promove respostas imunológicas anti-melanoma e inibe o crescimento do melanoma murino implantado in vivo. PLoS ONE, 7(2), e31328. https://doi.org/10.1371/journal.pone.0031328

Menon, R., Baby, P., Kumar V, A., Surendran, S., Pradeep, M., Rajendran, A., Suju, G., & Ashok, A. (2021). Fatores de risco para mortalidade na melioidose: Um estudo de coorte retrospetivo de 10 anos em um único centro. TheScientificWorldJournal, 2021, 8154810. https://doi.org/10.1155/2021/8154810

Muruato, L. A., Tapia, D., Hatcher, C. L., Kalita, M., Brett, P. J., Gregory, A. E., Samuel, J. E., Titball, R. W., & Torres, A. G. (2017). Uso de vacinologia reversa no projeto e construção de vacinas nanoglicoconjugadas contra burkholderia pseudomallei. Clínica e Vacina Imunologia, 24(11). https://doi.org/10.1128/CVI.00206-17

Nielsen, M., Lundegaard, C., Worning, P., Lauemoller, S. L., Lamberth, K., Buus, S., Brunak, S ., & Lund, O. (2003, maio). Previsão fiável de epítopos de células T utilizando redes neuronais com novas representações de sequências. Protein Science, 12(5), 1007-1017. https://doi.org/10.1110/ps.0239403

Patel, N., Conejero, L., De Reynal, M., Easton, A., Bancroft, G. J., & Titball, R. W. (2011). Desenvolvimento de vacinas contra Burkholderia pseudomallei. Frontiers in Microbiology, 2(SEP), 1-15. https://doi.org/10.3389/fmicb.2011.00198

Peacock, S. J., Limmathurotsakul, D., Lubell, Y., Koh, G. C. K. W., White, L. J., Day, N. P. J., & Titball, R. W. (2012). Vacinas contra a melioidose: uma revisão sistemática e avaliação do potencial de exploração de vacinas de biodefesa para fins de saúde pública. PLoS Neglected Tropical Diseases, 6(1), e1488. https://doi.org/10.1371/journal.pntd.0001488

Peters, B., Sidney, J., Bourne, P., Bui, H. H., Buus, S., Doh, G., Fleri, W.,

Kronenberg, M., Kubo, R., Lund, O., Nemazee, D., Ponomarenko, J. V., Sathiamurthy, M., Schoenberger, S., Stewart, S., Surko, P., Way, S., Wilson, S., & Sette, A. (2005, 15 de março). A base de dados de epítopos imunitários e o recurso de análise: From Vision to Blueprint. PLoS Biology, 3(3), e91. https://doi.org/10.1371/journal.pbio.0030091

Potisap, C., Khan, M. A. W., Boonmee, A., Rodrigues, J. L. M., Wongratanacheewin, S., & Sermswan, R. W. (2018). A comunidade bacteriana do solo ausente de Burkholderia pseudomallei- resulta em metabólitos secundários que matam esse patógeno. AMB Express, 8(1), 136. https://doi.org/10.1186/s13568-018-0663-7

Radzi, M., Hassan, A., Aziz, N., Ismail, N., Shafie, Z., Mayala, B., Donohue, R. E., Pani, S. P., & Id, E. M. (2019). Fatores de risco sócio-epidemiológicos e de cobertura do solo para melioidose em Kedah, norte da Malásia. PLoS Doenças Tropicais Negligenciadas, 13(3), 1-15.

Rahman, M. A., Noore, M. S., Hasan, M. A., Ullah, M. R., Rahman, M. H., Hossain, M. A., Ali, Y., & Islam, M. S. (2014, outubro). Identificação de potenciais alvos de drogas por análise subtrativa do genoma de Bacillus anthracis A0248: Uma abordagem in silico. Biologia Computacional e Química, 52, 66-72. https://doi.org/10.1016/j.compbiolchem.2014.09.005

Rana, A., & Akhter, Y. (2016, abril). Uma vacina modelo termodinamicamente estável, baseada em várias subunidades, usando uma abordagem combinada de imunoinformática e estrutura de proteínas. Imunobiologia, 221(4), 544-557. https://doi.org/10.1016/j.imbio.2015.12.004

Richardson, L. J., Kaestli, M., Mayo, M., Bowers, J. R., Tuanyok, A., Schupp, J., Engelthaler, D., Wagner, D. M., Keim, P. S., & Currie, B. J. (2012, janeiro). Rumo a um diagnóstico molecular rápido para melioidose: Comparação de métodos de extração de DNA de amostras clínicas. Journal of Microbiological Methods, 88(1), 179-181. https://doi.org/10.1016Zj.mimet.2011.10.023

Robertson, G., Sorenson, A., Govan, B., Ketheesan, N., Houghton, R., Chen, H., AuCoin, D., Dillon, M., & Norton, R. (2015, 1 de agosto). Diagnóstico rápido para melioidose: um estudo comparativo de um novo ensaio de deteção de antígeno de fluxo lateral. Jornal de Microbiologia Médica, 64 (8), 845-848. https://doi.org/10.1099/jmm.0.000098

Rongkard, P., Kronsteiner, B., Hantrakun, V., Jenjaroen, K., Sumonwiriya, M., Chaichana, P., Chumseng, S., Chantratita, N., Wuthiekanun, V., Fletcher, H. A., Teparrukkul, P., Limmathurotsakul, D., Day, N. P. J., & Dunachie, S. J. (2020). Respostas imunes humanas à melioidose e reatividade cruzada a espécies de Burkholderia de baixa virulência, Tailândia. Doenças Infecciosas Emergentes, 26(3), 463-471. https://doi.org/10.3201/eid2603.190206

Saha, S., & Raghava, G. P. S. (2006, 1 de julho). AlgPred: previsão de proteínas alergénicas e mapeamento de epítopos de IgE. Nucleic Acids Research, 34(Web Server), W202-W209. https://doi.org/10.1093/nar/gkl343

Sarangi, A. N., Lohani, M., & Aggarwal, R. (2015, abril). Mineração de proteoma para identificação de alvos de drogas na cepa EGD-e de Listeria monocytogenes e triagem virtual baseada em estrutura de uma proteína 4 de ligação à penicilina candidata a alvo de drogas. Journal of Microbiological Methods, 111, 9-18. https://doi.org/10.1016/j.mimet.2015.01.011

Sarkar-Tyson, M., & Titball, R. W. (2010). Progresso no desenvolvimento de vacinas contra a melioidose: A review. Clinical Therapeutics, 32(8), 1437-1445. https://doi.org/10.1016Zj.clinthera.2010.07.020

Sarovich, D. S., Price, E. P., Webb, J. R., Ward, L. M., Voutsinos, M. Y., Tuanyok, A., Mayo, M., Kaestli, M., & Currie, B. J. (2014, 11 de março). Fatores de virulência variáveis em Burkholderia pseudomallei (melioidose) associados à doença humana. PLoS ONE, 9(3), e91682. https://doi.org/10.1371/journal.pone.0091682

Schmidt, L. K., Orne, C. E., Shaffer, T. L., Wilson, S. M., Khakhum, N., Torres, A. G., Brett, P. J., & Burtnick, M. N. (2022). Desenvolvimento de vacinas de subunidade de melioidose usando um Burkholderia pseudomallei AhpC enzimaticamente inativo. Infeção e Imunidade, 90(8).

https://doi.org/10.1128/iai.00222-22

Schneidman-Duhovny, D., Inbar, Y., Polak, V., Shatsky, M., Halperin, I., Benyamini, H., Barzilai, A., Dror, O., Haspel, N., Nussinov, R., & Wolfson, H. J. (2003, 14 de maio). Levando a geometria ao seu limite: Docking rápido rígido não ligado (e dobrado em dobradiça). Proteins: Structure, Function, and Bioinformatics, 52(1), 107-112. https://doi.org/10.1002/prot.10397

Scott, A. E., Christ, W. J., George, A. J., Stokes, M. G. M., Lohman, G. J. S., Guo, Y., Jones, M., Titball, R. W., Atkins, T. P., Campbell, A. S., & Prior, J. L. (2016). Proteção contra melioidose experimental com um glicoconjugado sintético de manno-heptopiranose hexassacarídeo. Bioconjugate Chemistry, 27(6), 1435-1446. https://doi.org/10.1021/acs.bioconjchem.5b00525

Selvam, K., Ganapathy, T., Najib, M. A., Khalid, M. F., Abdullah, N. A., Harun, A., Wan Mohammad, W. M. Z., & Aziah, I. (2022). Carga e fatores de risco da melioidose no sudeste da Ásia: A Scoping Review. Revista Internacional de Investigação Ambiental e Saúde Pública, 19(23). https://doi.org/10.3390/ijerph192315475

Shanmugham, B., & Pan, A. (2013, 19 de março). Identificação e Caracterização de Potenciais Candidatos Terapêuticos no Patógeno Humano Emergente Mycobacterium abscessus: Uma Nova Abordagem Hierárquica In Silico. PLoS ONE, 8(3), e59126. https://doi.org/10.1371/journal.pone.0059126

Sheridan, E. A., Ramsay, A. R., Short, J. M., Stepniewska, K., Wuthiekanun, V., & Simpson, A. J. H. (2007, maio). Avaliação da mancha de Wayson para o diagnóstico rápido da melioidose. Journal of Clinical Microbiology, 45(5), 1669-1670. https://doi.org/10.1128/jcm.00396-07

Sidney, J., Assarsson, E., Moore, C., Ngo, S., Pinilla, C., Sette, A., & Peters, B. (2008). Quantitative peptide binding motifs for 19 human and mouse MHC class I molecules derived using positional scanning combinatorial peptide libraries. Immunome Research, 4(1), 2. https://doi.org/10.1186/1745-7580-4-2

Simpson, A. J. H., Suputtamongkol, Y., Smith, M. D., Angus, B. J., Rajanuwong, A., Wuthiekanun, V., Howe, P. A., Walsh, A. L., Chaowagul, W., & White, N. J. (1999). Comparison of imipenem and ceftazidime as therapy for severe melioidosis. Clinical Infectious Diseases, 29(2), 381-387. https://doi.org/10.1086/520219

Stone, J. K., DeShazer, D., Brett, P. J., & Burtnick, M. N. (2014). Melioidose: Aspectos moleculares da patogênese. Revisão especializada da terapia anti-infecciosa, 12 (12), 1487-1499. https://doi.org/10.1586/14787210.2014.970634

Suputtamongkol, Y., Chaowagul, W., Chetchotisakd, P., Lertpatanasuwun, N., Intaranongpai, S ., Ruchutrakool, T., Budhsarawong, D., Mootsikapun, P., Wuthiekanun, V., Teerawatasook, N., & Lulitanond, A. (1999, agosto). Risk Factors for Melioidosis and Bacteremic Melioidosis (Factores de Risco para Melioidose e Melioidose Bacterémica). Clinical Infectious Diseases, 29(2), 408-413. https://doi.org/10.1086/520223

Suputtamongkol, Y., Dance, D. A. B., Chaowagul, W., Wattanagoon, Y., Wuthiekanun, V., & White, N. J. (1991). Tratamento da melioidose com ácido amoxicilina-clavulânico. Transactions of the Royal Society of Tropical Medicine and Hygiene, 85(5), 672-675. https://doi .org/10.1016/0035- 9203(91)90391-B

Tan, K. S., Chen, Y., Lim, Y.-C., Tan, G.-Y. G., Liu, Y., Lim, Y.-T., MacAry, P., & Gan, Y.- H. (2010). Supressão da resposta imune inata do hospedeiro por Burkholderia pseudomallei através do fator de virulência TssM . The Journal of Immunology, 184(9), 5160-5171. https://doi .org/10.4049/jimmunol.0902663

Tandhavanant, S., Wongsuvan, G., Wuthiekanun, V., Teerawattanasook, N., Day, N. P. J., Limmathurotsakul, D., Peacock, S. J., & Chantratita, N. (2013, 10 de julho). Microscopia de imunofluorescência baseada em anticorpos monoclonais para a identificação rápida de Burkholderia pseudomallei em amostras clínicas. The American Journal of Tropical Medicine and Hygiene, 89(1), 165-168. https://doi.org/10.4269/ajtmh.13-0066

Tapia, D., Sanchez-Villamil, J. I., & Torres, A. G. (2019). Papel emergente dos produtos biológicos no tratamento da melioidose e do mormo. Opinião de especialistas em terapia biológica, 19(12), 1319-1332. https://doi.org/10.1080/14712598.2019.1677602

Titball, R. W., Burtnick, M. N., Bancroft, G. J., & Brett, P. (2017). Vacinas contra Burkholderia pseudomallei e Burkholderia mallei: Estamos perto de ensaios clínicos? Vaccine, 35(44), 5981-5989. https://doi.org/10.1016/j.vaccine.2017.03.022

Vander Broek, C. W., Chalmers, K. J., Stevens, M. P., & Stevens, J. M. (2015, abril). Análise proteômica quantitativa de efetores do sistema de secreção tipo III de Burkholderia pseudomallei Bsa usando mutantes hipersecretores. Molecular & Cellular Proteomics, 14(4), 905-916. https://doi.org/10.1074/mcp.m114.044875

Vasu, C., Vadivelu, J., & Puthucheary, S. D. (2003). The humoral immune response in melioidosis patients during therapy. Infection, 31(1), 24-30. https://doi.org/10.1007/s15010-002-3020-2

Vidyalakshmi, K., Lipika, S., Vishal, S., Damodar, S., & Chakrapani, M. (2012, julho). Tendências clínico-epidemiológicas emergentes na melioidose: análise de 95 casos da costa oeste da Índia. Revista Internacional de Doenças Infecciosas , 16(7), e491-e497. https://doi.Org/10.1016/j.ijid.2012.02.012

Warawa, J., & Woods, D. E. (2002). Warawa & Woods. Expert Rev. Vaccines, 1(4), 477482.

West, T. E., Myers, N. D., Chantratita, N., Chierakul, W., Limmathurotsakul, D., Wuthiekanun, V., Miao, E. A., Hajjar, A. M., Peacock, S. J., Liggitt, H. D., & Skerrett, S. J. (2014). NLRC4 e TLR5 contribuem cada um para a defesa do hospedeiro na melioidose respiratória. PLoS Neglected Tropical Diseases, 8(9), e3178. https://doi.org/10.1371/journal.pntd.0003178

Whitmore, A. (1913, abril). An Account of a Glanders-like Disease occurring in Rangoon [Um relato de uma doença semelhante ao mormo que ocorre em Rangum]. Journal of Hygiene, 13(1), 1-34.

https://doi.org/10.1017/s0022172400005234

Wiersinga, W. J., Currie, B. J., & Peacock, S. J. (2012, 13 de setembro). Melioidose. New England Journal of Medicine, 367(11), 1035-1044. https://doi.org/10.1056/nejmra1204699

Wiersinga, W. J., van der Poll, T., White, N. J., Day, N. P., & Peacock, S. J. (2006).

Melioidose: conhecimentos sobre a patogenicidade da Burkholderia pseudomallei. Nature Reviews Microbiology, 4(4), 272-282. https://doi.org/10.1038/nrmicro1385

Wiersinga, W. J., Virk, H. S., Torres, A. G., Currie, B. J., Peacock, S. J., Dance, D. A. B., & Limmathurotsakul, D. (2018). Melioidose. Nature Reviews Disease Primers, 4(1), 17107. https://doi.org/10.1038/nrdp.2017.107

Wiersinga, W. J., Virk, H. S., Torres, A. G., Currie, B. J., Peacock, S. J., Dance, D. A. B., & Limmathurotsakul, D. (2018, 1 de fevereiro). Melioidose. Nature Reviews Disease Primers, 4(1). https://doi.org/10.1038/nrdp.2017.107

Wiersinga, W. J., Wieland, C. W., Van Der Windt, G. J. W., De Boer, A., Florquin, S., Dondorp, A., Day, N. P., Peacock, S. J., & Van Der Poll, T. (2007). A interleucina-18 endógena melhora a resposta antimicrobiana precoce do hospedeiro na melioidose grave. Infection and Immunity, 75(8), 3739-3746. https://doi.org/10.1128/IAI.00080-07

Ye, Y. N., Hua, Z. G., Huang, J., Rao, N., & Guo, F. B. (2013, 9 de novembro). CEG: um banco de dados de clusters de genes essenciais. BMC Genomics, 14(1). https://doi.org/10.1186/1471-2164-14-769

Yu, C. S., Cheng, C. W., Su, W. C., Chang, K. C., Huang, S. W., Hwang, J. K., & Lu, C. H. (2014, 9 de junho). CELLO2GO: Um servidor da Web para previsão de localização subcelular de proteínas com anotação de ontologia genética funcional. PLoS ONE, 9(6), e99368. https://doi.org/10.1371/journal.pone.0099368

Yu, C., Chen, Y., Lu, C., & Hwang, J. (2006, 2 de junho). Prediction of protein Subcellular localization (Previsão da localização subcelular de proteínas).

Proteins: Structure, Function, and Bioinformatics, 64(3), 643-651. https://doi.org/10.1002/prot.21018

Yu, N. Y., Wagner, J. R., Laird, M. R., Melli, G., Rey, S., Lo, R., Dao, P., Sahinalp, S. C., Ester, M., Foster, L. J., & Brinkman, F. S. L. (2010, 13 de maio). PSORTb 3.0: previsão melhorada de localização subcelular de proteínas com subcategorias de localização refinadas e capacidades de previsão para todos os procariotas. *Bioinformatics, 26*(13), 1608-1615. https://doi.org/10.1093/bioinformatics/btq249

Yu, N. Y., Wagner, J. R., Laird, M. R., Melli, G., Rey, S., Lo, R., Dao, P., Sahinalp, S. C., Ester, M., Foster, L. J., & Brinkman, F. S. L. (2010, 13 de maio). PSORTb 3.0: previsão melhorada de localização subcelular de proteínas com subcategorias de localização refinadas e capacidades de previsão para todos os procariotas. Bioinformatics, 26(13), 1608-1615. https://doi.org/10.1093/bioinformatics/btq249

More Books!

yes

I want morebooks!

Buy your books fast and straightforward online - at one of world's fastest growing online book stores! Environmentally sound due to Print-on-Demand technologies.

Buy your books online at
www.morebooks.shop

Compre os seus livros mais rápido e diretamente na internet, em uma das livrarias on-line com o maior crescimento no mundo! Produção que protege o meio ambiente através das tecnologias de impressão sob demanda.

Compre os seus livros on-line em
www.morebooks.shop

info@omniscriptum.com
www.omniscriptum.com

OMNIScriptum

MIX
Papier aus verantwortungsvollen Quellen
Paper from responsible sources
FSC® C105338

Printed by Books on Demand GmbH, Norderstedt / Germany